N. Formica-Schiller

Künstliche Intelligenz und Blockchain im Gesundheitswesen

Dieses Buch widme ich

meiner Familie,

die meine Leidenschaft für den digitalen Fortschritt unterstützt und mir die notwendige Zeit und wertvollen Impulse geliefert hat, um dieses Buchprojekt umzusetzen,

und insbesondere **meinen Eltern,**

die mir beides gegeben haben, Wurzeln und Flügel, um meine Ideen zu verwirklichen, und die mich all die Jahre dabei bekräftigten, meinen eigenen Weg zu gehen.

„Wer etwas Großes leisten will, muss tief eindringen, scharf unterscheiden, vielseitig verbinden und standhaft beharren."

Friedrich von Schiller

Nicole Formica-Schiller

Künstliche Intelligenz und Blockchain im Gesundheitswesen

Wie COVID-19 und zukunftsweisende
Technologien den Status quo revolutionieren

1. Auflage

ELSEVIER

Elsevier GmbH, Hackerbrücke 6, 80335 München, Deutschland
Wir freuen uns über Ihr Feedback und Ihre Anregungen an kundendienst@elsevier.com

ISBN 978-3-437-23591-7
eISBN 978-3-437-09911-3

Wichtiger Hinweis für den Benutzer

Die digitalen Entwicklungen und medizinischen Wissenschaften unterliegen einem sehr schnellen Wissenszuwachs und permanenten Veränderungen. Der stetige Wandel von Methoden und Erkenntnissen ist allen an diesem Werk Beteiligten bewusst. Sowohl der Verlag als auch die Autorinnen und Autoren und alle, die an der Entstehung dieses Werkes beteiligt waren, haben große Sorgfalt darauf verwandt, dass die Angaben zu Methoden, Anweisungen, Produkten, Anwendungen oder Konzepten dem aktuellen Wissensstand zum Zeitpunkt der Fertigstellung des Werkes entsprechen.

Der Verlag kann jedoch keine Gewähr für Angaben zur Verwendung und Applikationsformen übernehmen. Es sollte stets eine unabhängige und sorgfältige Überprüfung von Diagnosen und digitalen Anwendungen sowie möglicher Kontraindikationen erfolgen. Jede Anwendung oder Applikation liegt in der Verantwortung der Anwenderin oder des Anwenders. Die Elsevier GmbH, die Autorinnen und Autoren und alle, die an der Entstehung des Werkes mitgewirkt haben, können keinerlei Haftung in Bezug auf jegliche Verletzung und/oder Schäden an Personen oder Eigentum, im Rahmen von Produkthaftung, Fahrlässigkeit oder anderweitig übernehmen.

Sämtliche in diesem Buch genannten (Firmen-)Beispiele sind nur exemplarisch zu sehen und stellen keine Werbung für einzelne Firmen, Produkte oder Personen dar. Auch sind sämtliche genannten Firmen oder Produkte nicht als Empfehlungen zu verstehen, sondern dienen ausschließlich als Beispiele zur Veranschaulichung, wurden willkürlich ausgewählt und sind wertneutral. Sämtliche Links entsprechen zum Zeitpunkt der Erstellung dem aktuellen Stand der jeweiligen Website. Es wird keine Haftung für deren Richtigkeit oder Aktualität übernommen ebenso wenig wie für auf den Websites dargestellten Inhalt oder dortige Verlinkungen.

Für die Vollständigkeit und Auswahl der aufgeführten Medikamente übernimmt der Verlag keine Gewähr. Geschützte Warennamen (Warenzeichen) werden in der Regel besonders kenntlich gemacht (®). Aus dem Fehlen eines solchen Hinweises kann jedoch nicht automatisch geschlossen werden, dass es sich um einen freien Warennamen handelt.

Bibliografische Information der Deutschen Nationalbibliothek

Die Deutsche Nationalbibliothek verzeichnet diese Publikation in der Deutschen Nationalbibliografie; detaillierte bibliografische Daten sind im Internet über https://www.dnb.de abrufbar.

21 22 23 24 25   5 4 3 2 1

In ihren Veröffentlichungen verfolgt die Elsevier GmbH das Ziel, genderneutrale Formulierungen für Personengruppen zu verwenden. Um jedoch den Textfluss nicht zu stören sowie die gestalterische Freiheit nicht einzuschränken, wurden bisweilen Kompromisse eingegangen. Selbstverständlich sind **immer alle Geschlechter** gemeint.

Planung: Uschi Jahn M.A., München
Projektmanagement: Marion Kraus, München
Bildredaktion und Rechteklärung: Niklas Borck, München
Satz: SPi Global, Puducherry/India
Druck und Bindung: Drukarnia Dimograf Sp. z o. o., Bielsko-Biała/Polen
Umschlaggestaltung: SpieszDesign, Neu-Ulm
Titelfotografie: Hauptbild: © pinkeyes – stock.adobe.com, Ketten oben links: Sashkin – stock.adobe.com, DNA oben rechts: © Design Cells – stock.adobe.com
Aktuelle Informationen finden Sie im Internet unter **www.elsevier.de**

Vorwort

„Ein effektives Gesundheitswesen kann nicht isoliert vom technologischen Fortschritt und von der Digitalisierung betrachtet werden. Die COVID-19-Pandemie hat dies aktuell mit aller Deutlichkeit gezeigt."

Nicole Formica-Schiller

Dieses Buch entsteht zu einer historisch einmaligen Zeit – einer Zeit, die mittlerweile gern als „neue Normalität" bezeichnet wird. Bei dem Kick-off-Meeting zu diesem Buch mit der Geschäftsleitung und Mitarbeitern des Elsevier Verlags hat keiner der Anwesenden auch nur im Entferntesten daran gedacht, dass das Thema Gesundheit nur kurze Zeit später mit einem Schlag auf der Agenda der Weltpolitik und der Bürger eines jeden Landes an oberster Stelle stehen würde. Und zwar wegen eines Virus namens SARS-CoV-2, besser bekannt auch als COVID-19 bzw. Coronavirus. Begriffe wie Lockdown, Hotspot, Triage, Quarantäne, Social Distancing, Hygienemaßnahmen und Corona-Apps sind seitdem jedem geläufig und prägen das Alltagsgeschehen auf der ganzen Welt.

Zivilbevölkerung, Politik, Forschung, Wissenschaft und Wirtschaft sehen sich seitdem mit der rasanten weltweiten Ausbreitung des Coronavirus konfrontiert. Damit einher geht die Hoffnung auf eine erfolgreiche Bekämpfung der COVID-19-Pandemie und die rasche Entwicklung eines wirksamen Medikaments und Impfstoffs gegen das Virus – eines Virus, das von Mensch zu Mensch übertragen wird und anders als SARS auch vielfältige asymptomatische Infektions- und Krankheitsverläufe zeigt. Der schnelle Anstieg der täglichen Neuinfektionen und Todesfälle durch COVID-19 hat das Maß des Vorstellbaren bereits während der ersten Lockdowns in Europa im März 2020 und ebenso im Rahmen des in manchen Ländern erfolgten zweiten Lockdowns im Spätherbst 2020 in kürzester Zeit übertroffen.

All dies hat zu einem neu erwachten gesellschaftlichen Bewusstsein geführt, dass Gesundheit und eine gut funktionierende Gesundheitsversorgung keine Selbstverständlichkeit sind. Vielmehr gilt es, das Gesundheitswesen stets kritisch zu hinterfragen und – einhergehend mit dem technologischen und medizinischen Fortschritt – weiterzuentwickeln.

Der Grundgedanke zu diesem Buch mit dem Themenschwerpunkt Künstliche Intelligenz (im Folgenden als KI bezeichnet) und Blockchain im Gesundheitswesen entstand unabhängig von COVID-19 und geraume Zeit, bevor das Virus in das Bewusstsein der Öffentlichkeit gerückt ist. Ausschlaggebend dabei war die Idee, den komplexen Themenbereich KI und Blockchain im Speziellen und die Digitalisierung im Allgemeinen mit den damit einhergehenden Chancen, Herausforderungen, Wechselwirkungen und Auswirkungen für das jetzige und zukünftige Gesundheitswesen für den Leser verständlich darzustellen.

Während einige Länder diesbezüglich bereits seit Jahren aktiv sind und die Integration der sich permanent weiterentwickelnden Technologien in das Gesundheitswesen bei ihnen zum Alltag gehört, standen andere Länder der fortschreitenden Technologisierung und Digitalisierung im Gesundheitswesen bislang eher kritisch gegenüber. Das Aufkommen und die Verbreitung von COVID-19 haben hier einen rasanten Wandel eingeläutet. Das Bewusstsein um die Möglichkeiten des technologisch Machbaren im Bereich Gesundheit und das Interesse aufseiten verschiedenster Stakeholder an dieser Thematik ist innerhalb kürzester Zeit immens gewachsen: hin zu einem Mehr an zukunftsorientierter Reflexion und Umsetzungswillen in Bezug auf den technologischen Fortschritt und die Digitalisierung im Gesundheitswesen.

COVID-19 hat uns mit aller Deutlichkeit vor Augen geführt, dass ein effektives Gesundheitswesen nicht isoliert von technologischem Fortschritt und Digitalisierung betrachtet werden kann. Zu weitreichend sind die gesellschaftlichen, ökonomischen und politischen Implikationen. Deutlich lässt sich dies u. a. an den bisherigen Auswirkungen von COVID-19 auf die weltweiten Volkswirtschaften erkennen. So rechnete der Internationale Währungsfonds (IWF) bereits in seiner Prognose vom April 2020 für das Jahr 2020 mit einem Schrumpfen der Wirtschaftsleistung weltweit um 3 % – mehr als während der globalen Finanzkrise des Jahres 2008/2009 (www.imf.org/en/Publications/WEO/Issues/2020/04/14/World-Economic-Outlook-April-2020-The-Great-Lockdown-49306).

Der technologische Fortschritt im Gesundheitswesen ist stets im globalen Kontext zu betrachten. Eine permanente Analyse des aktuellen Status quo im eigenen Land im Hinblick auf die Umsetzung der technologischen Weiterentwicklung des Gesundheitswesens ist essenziell. Darüber hinaus ist es aber erforderlich, nicht aus dem Blick zu verlieren, welche Entwicklungen hierzu weltweit stattfinden. Meine persönliche Einschätzung hierzu durfte ich u. a. 2019 auf Einladung der Datenethikkommission der deutschen Bundesregierung erläutern und fasste diese mit der Aussage zusammen: „Künstliche Intelligenz macht nicht vor Staatsgrenzen halt."

Der Einsatz disruptiver Technologien und die fortschreitende Digitalisierung des Gesundheitswesens ist nicht per se eine Bedrohung – insbesondere dann nicht, wenn dies verantwortungsvoll und in Übereinstimmung mit den jeweiligen Rahmenbedingungen, Normen und Standards erfolgt. Letztere aber gilt es dem weltweiten technologischen Fortschritt entsprechend

einer kontinuierlichen Überprüfung zu unterziehen und weiterzuentwickeln. Dies ist auch als Auftrag an die jeweiligen Akteure in der Politik zu verstehen und wird in den jeweiligen Kapiteln näher ausgeführt. Aufgrund der engen Verzahnung der verschiedenen Politikfelder gilt es bei der Umsetzung der aktuellen wie der zukünftigen Gesundheitspolitik jeweils auch andere Politikbereiche, u. a. Wirtschafts-, Digital-, Justiz-, Finanz-, Arbeits- und Strukturpolitik, in den Entscheidungsfindungsprozess einzubeziehen.

Erlauben Sie mir am Schluss dieses Vorworts noch eine persönliche Anmerkung. Digitalisierung, technologische Neuerungen und Innovation sind aufgrund ihrer Wichtigkeit Themen, die ich in meinem Beruf mit Leidenschaft vorantreibe. Meine bisherige berufliche Laufbahn hat mich in die verschiedensten Metropolen weltweit geführt. Dies gab mir die Möglichkeit, bereits frühzeitig verschiedene internationale Perspektiven und lösungsorientierte Herangehensweisen in Bezug auf technologische Fragestellungen und Neuerungen kennenzulernen. Die Zusammenarbeit und der Erfahrungsaustausch mit den verschiedensten Stakeholdern aus Wirtschaft, Politik, Wissenschaft, Zivilgesellschaft etc. haben meine Überzeugung bekräftigt, dass eine effiziente Gestaltung und zielführende digitale Weiterentwicklung – insbesondere des Gesundheitswesens gepaart mit dem technologischen Fortschritt – nur unter Einbeziehung aller genannten Akteure erfolgen kann. Dies hat mich dazu bewogen, *Pamanicor Health* zu gründen, mit genau jener Zielsetzung, die technologischen Neuerungen und Möglichkeiten zum Wohle eines jeden Einzelnen mit allen dazu erforderlichen Akteuren konstruktiv und gemeinsam – anstatt in Einzelsilos – zu eruieren und interdisziplinär Lösungen aufzuzeigen und zu entwickeln. Denn Digitalisierung und technologischer Fortschritt sind unverzichtbare Bestandteile auf dem Weg zu einer effektiven Gesundheitsversorgung mit größtmöglichem Nutzen für jedermann und bieten einen entscheidenden Mehrwert. Die Umsetzung dieser Ziele ist als gesamtgesellschaftlicher Auftrag zu verstehen und unabdingbar, um die Gegenwart und Zukunft erfolgreich digital zu gestalten.

Wie eingangs erwähnt, ist dieses Buch in einer besonderen Zeit entstanden – vor und während der COVID-19-Pandemie. Bekanntlich schlägt in Krisenzeiten die Stunde der Innovation. Lassen Sie uns also nicht abwarten, wie sich alles zukünftig in Bezug auf den technologischen Fortschritt im Gesundheitswesen entwickeln wird, und das Beste hoffen. Lassen Sie uns vielmehr gemeinsam an der effizienten und kontinuierlichen Implementierung technologischer Entwicklungen wie KI und Blockchain in das Gesundheitssystem arbeiten. Denn unsere Gesundheit und das Gesundheitswesen sind nicht etwas per se Abstraktes. Gesundheit und die Gesundheitsversorgung gehen uns alle an.

Bevor Sie nun mit dem Lesen dieses Buches beginnen und sich dabei für Sie viele spannende und neue Erkenntnisse ergeben, erlauben Sie mir noch kurz, meinen Dank auszusprechen. Das Entstehen eines Buches ist weit mehr als die Leistung eines Einzelnen, sondern nur gemeinsam mit großartigen Menschen umsetzbar. Die Veröffentlichung dieses Buches wäre daher nicht möglich gewesen ohne all jene, die mich auf dem Weg dahin unterstützt haben, und ich hoffe, bei nachfolgender Auflistung an alle gedacht zu haben.

Mein besonderer Dank gilt:

- der Elsevier GmbH und der Geschäftsleitung für ihr aufgeschlossenes und proaktives Interesse, das Thema KI und Blockchain im Gesundheitswesen als Buch auf den Markt zu bringen, sowie dem gesamten Elsevier-Team für die kollegiale Zusammenarbeit und den großen Enthusiasmus, mit dem alle in dieses Thema eingetaucht sind;
- allen im Gesundheits- und Pflegebereich tätigen Personen, deren täglicher Arbeit und den damit oftmals verbundenen Herausforderungen ich nicht erst seit COVID-19 immensen Respekt zolle;
- allen Leserinnen und Lesern dieses Buches für ihr Interesse an den technologischen Neuerungen und digitalen Entwicklungen im Gesundheitswesen und ihre Bereitschaft, sich mit der Thematik dieses Buches auseinanderzusetzen. Denn je mehr Interessierte und Informierte es in Bezug auf dieses Thema gibt, umso effektiver kann die Umsetzung gelingen;
- der digitalen Transformation und dem technologischen Fortschritt dafür, dass sie uns zeigen, dass die Welt von morgen schon heute stattfindet.

Zug (Schweiz), im November 2020
Nicole Formica-Schiller

Adressen

Nicole Formica-Schiller
Pamanicor Health AG,
Gotthardstraße 26,
6300 Zug, Schweiz
https://pamanicorhealth.com/
www.linkedin.com/in/nicoleformicaschiller/
Twitter: @FormicaSchiller
https://twitter.com/FormicaSchiller

Abkürzungen

AGI	Artificial General Intelligence	eMP	einheitlicher Medikationsplan
AI	Artificial Intelligence	EMRAM	Electronic Medical Record
ANI	Artificial Narrow Intelligence		Adoption Model
ANN	Artificial Neural Network	EMR	Electronic Medical Record
AR	Augmented Reality	ePA	elektronische Patientenakte
ASI	Artificial Superintelligence	ePF	elektronisches Patientenfach
AuT	Autonomous Things	EPR	Electronic Patient Record
AV	Augmented Virtuality	EU	Europäische Union
AWI	Artificial Weak Intelligence	F & E	Forschung und Entwicklung
BAT	Baidu, Alibaba und Tencent	FDA	Food and Drug Administration
BÄK	Bundesärztekammer		(U.S.)
BCI/BMI	Brain-Computer-Interfaces/	GAFAM	Google/Alphabet, Apple,
	Brain-Machine-Interface		Facebook, Amazon, Microsoft
BDI	Bundesverband der deutschen	GDPR	General Data Protection
	Industrie		Regulation
BfArM	Bundesinstitut für Arzneimittel	GKV	Gesetzliche Kranken-
	und Medizinprodukte		versicherung
BMG	Bundesministerium für	GKV-SV	Spitzenverband der Gesetzli-
	Gesundheit		chen Krankenversicherungen
BZÄK	Bundeszahnärztekammer	GMG	Gesetz zur Modernisierung der
CAGR	Compound Annual Growth		gesetzlichen Krankenversiche-
	Rate		rung
CDC	Centers for Disease Control and	HIH	Health Innovation Hub
	Prevention (U.S.)	HIP	Health in All Policies
CNN/ConvNet	Convolution Neural Network	HMD	Head-Mounted Display
CT	Computertomografie	HSG	Universität St. Gallen
DAV	Deutscher Apothekerverband	ICO	Information Commissioner's
DBN	Deep Belief Network		Office (Vereinigtes Königreich)
DiGA	Digitale Gesundheitsan-	IDSIA	Dalle Molle Institute for
	wendungen		Artificial Intelligence
DiGAV	Digitale Gesundheitsan-	IHE	Integrating the Healthcare
	wendungen Verordnung		Enterprise
DKG	Deutsche Krankenhaus-	IKT	Informations- und
	gesellschaft		Kommunikationstechnologie
DL	Deep Learning	IoT	Internet of Things; Internet der
DLT	Distributed Ledger Technology		Dinge
DNA	Desoxyribonukleinsäure	IT	Informationstechnologie
DNN	Deep Neural Network	IWF	Internationaler Währungsfonds
DSA	Digital Services Act	KBV	Kassenärztliche
DSCSA	Drug Supply Chain Security Act		Bundesvereinigung
DSGVO	Datenschutz-Grundverordnung	KHK	koronare Herzkrankheit
DVG	Digitale-Versorgung-Gesetz	KI	Künstliche Intelligenz
EEG	Elektroenzephalografie	KNN	Künstliches neuronales
eGA/eLGA	elektronische Gesundheitsakte		Netzwerk
eGK	elektronische Gesundheitskarte	Mio.	Million
eHBA	elektronischer Arztausweis bzw.	MIT	Massachusetts Institute of
	Heilberufsausweis		Technology
EHDS	European Health Data Space	ML	Machine Learning
eHDSI	eHealth Digital Service	MoST	Ministerium für Wissenschaft
	Infrastruktur		und Technologie (VR China)
EHR	Electronic Health Record	MR	Mixed Reality
EKG	Elektrokardiografie/-gramm	Mrd.	Milliarde

MRT/MR	Magnetresonanztomografie	**RNN**	Recurrent Neural Network
NFDM	Notfalldatenmanagement	**RPA**	Robotergesteuerte
NHS	National Health Service		Prozessautomatisierung
	(Vereinigtes Königreich)	**RWD**	Real World Data/Real-World-
NLP	Natural Language Processing		Daten
PCHR	Personally Controlled Health	**RWE**	Real Word Evidence
	Record	**SDGs**	Sustainable Development Goals
PHR	Personal Electronic Health	**TI**	Telematikinfrastruktur
	Record	**ToM**	Theory of Mind
PCP	Personal Care Pathway	**UPMC**	University of Pittsburgh
PDSG	Patientendaten-Schutz-Gesetz		Medical Center
PHR	Personal Electronic Health	**USD**	US-Dollar
	Record	**VR**	Virtual Reality
PHRM	Personal Health Record	**VSDM**	Versichertenstammdatenma-
	Management		nagement
PKV	Verband der Privaten	**WHO**	World Health Organization/
	Krankenversicherungen		Weltgesundheitsorganisation

Abbildungsnachweis

Der Verweis auf die jeweilige Abbildungsquelle befindet sich bei allen Abbildungen im Werk am Ende des Legendentextes in eckigen Klammern. Alle nicht besonders gekennzeichneten Grafiken und Abbildungen © Elsevier GmbH, München.

G920	Klauber J et al. Krankenhaus-Report 2019 – Das digitale Krankenhaus. Berlin, Heidelberg: Springer 2019.
J787	Colourbox.com
L143	Heike Hübner, Berlin
P837	Nicole Formica-Schiller, Zug, Schweiz
V900	Refinitiv, London, UK
W1142	Barmer Arztbefragung 2020
W1143	Philips Future Health Index 2019
W1144	Bitkom e.V., Berlin

Fehler gefunden?

https://else4.de/978-3-437-23591-7

An unsere Inhalte haben wir sehr hohe Ansprüche. Trotz aller Sorgfalt kann es jedoch passieren, dass sich ein Fehler einschleicht oder fachlich-inhaltliche Aktualisierungen notwendig geworden sind.

Sobald ein relevanter Fehler entdeckt wird, stellen wir eine Korrektur zur Verfügung. Mit diesem QR-Code gelingt der schnelle Zugriff.

Wir sind dankbar für jeden Hinweis, der uns hilft, dieses Werk zu verbessern. Bitte richten Sie Ihre Anregungen, Lob und Kritik an folgende E-Mailadresse:

kundendienst@elsevier.com

Inhaltsverzeichnis

1	**Einleitung, Zielsetzung und Vorgehensweise**	1
2	**Digitalisierung: eine wesentliche Komponente**	
	für ein erfolgreiches Gesundheitswesen	7
2.1	Digitales Gesundheitswesen: relevante Begriffe und deren Abgrenzung . . .	7
2.1.1	Künstliche Intelligenz und Blockchain	8
2.1.2	Disruptive Technologien	9
2.1.3	Augmented Reality, Virtual Reality, Mixed Reality	
	und Augmented Virtuality	10
2.1.4	Robotik	11
2.1.5	Digitalisierung, Digital Health, E-Health und M-Health	11
2.1.6	Telemedizin, Gesundheitstelematik, Telediagnostik, -therapie, -dokumentation	
	und -monitoring	13
2.1.7	Gesundheits-Apps und Wearables	14
2.2	Künstliche Intelligenz und Blockchain im Kontext von Digitalisierung	14
2.2.1	Chancen und Herausforderungen	15
2.2.2	Zusammenhänge	16
2.3	Globales digitales Gesundheitswesen: eine Welt der unterschiedlichen	
	Geschwindigkeiten	19
2.3.1	Deutschland: Digitale-Versorgung-Gesetz, E-Rezept und elektronische	
	Patientenakte	21
2.3.2	Europäische Union: European Health Data Space, digitaler Binnenmarkt,	
	GAIA-X, Hyperscaler und Künstliche-Intelligenz-Strategie	25
2.3.3	Schweiz: Schlüsseltechnologien Künstliche Intelligenz und Blockchain . .	27
2.3.4	USA und Asien: Big Tech und „Made in China 2025"	28
3	**Künstliche Intelligenz: Technologie für ein nachhaltiges**	
	Gesundheitswesen	33
3.1	Systematik und Grundstruktur	34
3.1.1	Schwache und starke, reaktive und begrenzte Künstliche Intelligenz,	
	Theory of Mind und Superintelligenz.	34
3.1.2	Big Data, Data Mining und (un-)strukturierte Daten	37
3.1.3	Machine Learning, Algorithmen, Supervised und Unsupervised Learning,	
	Reinforcement Learning und schmutzige Daten	39
3.1.4	Künstliche neuronale Netzwerke, Input und Output Layer,	
	Backpropagation und Deep Learning	41
3.1.5	Natural Language Processing	42
3.2	Herausforderungen und Überlegungen	43
3.2.1	Gesellschaftliche Disruption	43
3.2.2	Mensch-Maschine-Interaktion	44
3.2.3	Haftung, technologische Singularität und Künstliche-	
	Intelligenz-Observatorien	45
3.2.4	Ethik, Transparenz und Diskriminierung	46
3.2.5	Datenschutz und Datensouveränität	48

3.3   Künstliche Intelligenz in Aktion: Wachstumsfelder
        und Anwendungsbeispiele 48
3.3.1   Transformation der klinischen Forschung 49
3.3.2   Fortschritte bei der Diagnostik 53
3.3.3   Unterstützung bei medizinischen Entscheidungen 55
3.3.4   Aktive Gesundheitsprävention und Wellbeing 57
3.3.5   Patient Self-Service, Choice Architecture
        und virtuelle Gesundheitsassistenten 58
3.3.6   Sicherstellung „intelligenter" Versorgungsketten 60
3.3.7   Effizienzsteigerung durch Optimierung administrativer
        und operativer Abläufe 60
3.3.8   Robotik und robotergestützte Prozessautomatisierung 63
3.4   Fazit 64
4   Blockchain – mehr als nur Bitcoin: Die Zukunft ist jetzt 67
4.1   Systematik und Grundstruktur 67
4.1.1   Ledger, Hash-Funktionen, Konsensalgorithmen, digitale Signatur
        und Schlüssel 67
4.1.2   Distributed Ledger Technology, Public, Private und Federated Ledger ... 71
4.1.3   Smart Contract 73
4.2   Herausforderungen und Überlegungen 73
4.2.1   Datenaustausch und Benutzerfreundlichkeit 74
4.2.2   Cybersicherheit, Echtzeitzugriff und Verifikation
        digitaler Patientendokumente 75
4.2.3   Skalierbarkeit und Wettbewerb um Talente 75
4.2.4   Standardisierung, Pilotprojekte, Infrastruktur und Kosten 76
4.2.5   Speicherkapazität und Energieverbrauch 76
4.2.6   Governance, Datenschutz und Regulierung 77
4.2.7   Monetarisierung von Daten und Risikokapital
        für Blockchain-Start-ups 77
4.2.8   EU und grenzüberschreitender Austausch von Gesundheitsdaten 78
4.3   Blockchain in Aktion: Wachstumsfelder und praktische
        Anwendungsbeispiele 78
4.3.1   Elektronische Patientenakte und digitale Identität 79
4.3.2   Interoperabilität für personalisierte Versorgungsmodelle 81
4.3.3   Dezentraler Marktplatz und innovative Vertragsmodelle für
        Krankenversicherungen 84
4.3.4   Datenaustausch bei Telemedizin 85
4.3.5   Track & Trace bei Lieferketten und Authentizität von Arzneimitteln 86
4.3.6   Neuland bei (virtuellen und nichtvirtuellen) klinischen Studien 88
4.4   Bewältigung von Pandemien: Kann Blockchain-Innovation helfen? .. 90
4.4.1   Rückverfolgung von Infektionsketten und Früherkennung
        von Hotspots 91
4.4.2   Transparenz und Datensicherheit von Corona-Tracking-Apps 92
4.4.3   Verschlüsselung von Testergebnissen und Einsatz
        von Gesundheitszertifikaten 93

4.4.4   Nachverfolgung von Spenden und Finanzierungen
        für Impfstoffentwicklung   93
4.4.5   Krisenmanagement und Belegbettenkapazität   94
4.4.6   Sicherung der medizinischen Versorgungsketten und klinischer Studien . . .   94
4.5   Fazit   95
5   Die technologischen Trends und ihre Auswirkungen:
        Wohin entwickelt sich das Gesundheitswesen?   97
5.1   Gesundheitswesen 5.0: Disruption des bisherigen Systems   98
5.1.1   Daten als Herzstück und Achillesferse des Gesundheitswesens   98
5.1.2   Datenbasierte Medizin als Maß aller Dinge   99
5.1.3   Öffentliche Diskussion geprägt von den Themen Dateneigentum,
        Überregulierung von Daten, Haftung und monetäre
        Entlohnungssysteme   100
5.1.4   Personalisierte Medizin und Therapie aufgrund
        personenbezogener Daten   101
5.1.5   Prävention als maßgebendes Ziel mit dem Risiko von
        Selbstoptimierung durch digitale Selbstvermessung   102
5.1.6   Verändertes Rollenverhältnis: der digitale Bürger als
        „Experte in eigener Sache"   103
5.1.7   Freiwillige Datenspende im Austausch gegen teure
        Gesundheitsleistungen für jedermann   104
5.1.8   Förderung der digitalen Gesundheitskompetenz durch Bildungsangebote . . .   105
5.1.9   360°-Körpereinsicht, quantifizierte Selbstdaten, Nanoroboter,
        intelligenter Schmuck, Smart Clothing und Brain-Computer-Interfaces als
        Transformationsbeschleuniger   105
5.1.10 Digitale Zwillinge als realitätsgetreues Abbild des Patienten   107
5.1.11 Quantencomputer als neue Ära   108
5.1.12 Entstehung komplexer disruptiver digitaler Ökosysteme   109
5.1.13 Dr. Handy in den eigenen vier Wänden   110
5.1.14 „Value-based Healthcare" rückt in den Vordergrund   111
5.1.15 „Health in all Policies" als Grundsatz politischen Handelns   112
5.1.16 Fazit   113
5.2   Dr. GAFAM und Co.: Disruptiver Sparringpartner oder
        neue treibende Macht?   114
5.2.1   GAFAMs Mittel der Macht: Künstliche Intelligenz, Daten,
        Sprachassistenten und Supercomputer   117
5.2.2   Dr. Google, Project Baseline, Verily, Calico und DeepMind
        im Alltag: Science oder Fiction?   119
5.2.3   BAT und Kollegen: Chinas Alibaba und Ping An, Jeff Bezos und
        Warren Buffets Project Haven, die Chan-Zuckerberg-Initiative u. v. m. . . .   123
5.2.4   Zukunft mit GAFAM & Co.: Health Revolution
        oder Schreckensszenario?   125
6   Digitales Gesundheitswesen 1492?   131
        Register   135

1 Einleitung, Zielsetzung und Vorgehensweise

„Anstatt den Status quo zu verwalten, muss bei allen Beteiligten die Bereitschaft vorhanden sein, disruptive Innovation und Fortschritt beispielsweise mittels Künstlicher Intelligenz und Blockchain-Technologie effektiv und zielführend umzusetzen. Dies setzt ein grundlegendes Verständnis für die zugrunde liegenden Technologien, deren Zusammenhänge, Möglichkeiten und Auswirkungen voraus."

Nicole Formica-Schiller

Oberste Maxime eines jeden Gesundheitswesens sollte es sein, ein **gesundes Leben für alle Menschen jeden Alters** zu gewährleisten und ihr Wohlergehen zu fördern. Dieser Grundsatz gilt nicht erst seit seiner Verankerung in der Agenda 2030 für nachhaltige Entwicklung, sog. Sustainable Development Goals (SDGs), durch die internationale Staatengemeinschaft auf dem Gipfel der Vereinten Nationen im September 2015 [1].

Die **Gesundheitssysteme** der verschiedensten Länder **weltweit** stehen vor **großen Herausforderungen**. Dazu gehören ständig wachsender Kostendruck, Fachkräftemangel, zunehmende Alterung der Gesellschaft, Pflegenotstand, Gewährleistung einer angemessenen Versorgung aller Menschen, auch in strukturschwachen Regionen, und ein gesellschaftlicher Wertewandel. Und das sind nur einige der Herausforderungen. Hinzu kommen eine steigende Zunahme chronischer Krankheiten, vermehrte Antibiotikaresistenzen und der permanente Zielkonflikt zwischen Steigerung der Versorgungsqualität für den Einzelnen versus Kostensenkung für die Allgemeinheit. Eng damit einher gehen Fragen zur rechtlichen Umsetzung, Ethik, Effizienzsteigerung und Sicherstellung einer langfristig soliden Finanzierbarkeit des Gesundheitssystems ohne Kürzung der Gesundheitsleistungen. Verstärkend wirken nun noch die weltweiten wirtschaftlichen Auswirkungen der **COVID-19-Pandemie** (vgl. Vorwort).

All dies zwingt die Gesundheitsbranche zu **neuen Denkansätzen** und neuen **Lösungswegen** – hin zu einem Mehr an technologischem Fortschritt und digitaler Kompetenz. Wir erleben diesbezüglich gerade eine in diesem Ausmaß an Intensität und Geschwindigkeit noch nie dagewesene Transformation im Gesundheitswesen. Gegenwärtig entstehen neue Formen der Zusammenarbeit und eine Vernetzung der Leistungserbringer in der Kategorie Gesundheit und technologische Neuerungen, die vor Kurzem nur schwer denkbar gewesen sind. Die COVID-19-Pandemie hat hierzu einen nicht unwesentlichen Beitrag geleistet.

Auch ist in diesem Zusammenhang das **geänderte Patientenverhalten** zu erwähnen. Schon heute tritt der Patient dem Arzt als informierter Verbraucher gegenüber. Dieser Trend wird sich in den kommenden Jahren noch verstärken (vgl. These 6 in ➤ Kap. 5.1.6). Die digitalen Technologien und Medien spielen hierbei eine nicht unwesentliche Rolle. Der Anspruch von Patienten an eine optimale Behandlung beinhaltet den Wunsch nach einer individuellen Therapie (vgl. These 4 in ➤ Kap. 5.1.4) und ausreichend Zeit für die ärztliche Konsultation. Dem steht u. a. ein nicht zu unterschätzender Zeitdruck der im Gesundheitswesen Beschäftigten gegenüber, bedingt u. a. durch im Laufe der Jahre stark gestiegene administrative Anforderungen und einen zunehmenden „Papierkrieg".

Vor diesem Hintergrund bieten die Digitalisierung, der technologische Fortschritt und mit ihr der verantwortungsvolle und richtige Einsatz von u. a. Künstlicher Intelligenz (KI) und Blockchain-Technologie große Chancen für eine effiziente und nachhaltige Gestaltung des Gesundheitswesens. Angesichts der damit aber auch verbundenen Herausforderungen und um den Einsatz neuer bzw. weiterentwickelter Technologien maßgeblich voranzutreiben, ist es unabdingbar, das bisher Angewendete sorgfältig zu evaluieren, das Bewährte rechtzeitig in das neue digitale Zeitalter hinüberzuführen und vorausschauend gemeinsam mit den technologischen Neuerungen weiterzuentwickeln und zu nutzen. Treibende Kraft ist die **Innovation**. Ein wesentlicher Baustein hierfür ist das Schaffen von **Vertrauen** im Umgang mit **technologischen Neuerungen**. Dafür und um deren Einsatz langfristig erfolgreich zu gestalten, muss der dabei entstehende Nutzen und Mehrwert deutlich erkennbar sein. Dies erfordert ein grundlegendes Verständnis dafür, was sich hinter den verschiedenen Technologien verbirgt und für wen bzw. in welchem Bereich ein zweckgebundener Einsatz sinnvoll ist.

Die in verschiedenen Ländern zum Einsatz kommenden Corona-Apps zur Rückverfolgung von Infektionsketten und wirksamen Bekämpfung von COVID-19 sind ein typisches Beispiel. Viele verbinden diese Apps automatisch mit dem Begriff „Digital Health". Nur wenige wissen, was genau KI damit zu tun hat (➤ Kap. 3) oder wie blockchainbasierte Plattformen bei der Verwaltung medizinischer Daten, wie z. B. der Speicherung von Corona-Testergebnissen, zum Einsatz kommen können (➤ Kap. 4).

Daher stellt sich allgemein die Frage, wie der Einsatz von **KI** und **Blockchain** vor dem Hintergrund einer fortschreitenden Digitalisierung im Gesundheitswesen einzuordnen ist:

- Was genau hat man sich unter der **Anwendung** von KI und Blockchain im Gesundheitswesen vorzustellen, und welches sind **Wachstumsfelder**?
- Wie wird durch KI und Blockchain die **Entwicklung** des **aktuellen** und **zukünftigen Gesundheitswesens** geprägt, und welche **Konsequenzen** wird dies für die Gesundheit und die Gesundheitsversorgung haben?
- Wird der **digitale Bürger** aufgrund von KI zum **gläsernen Bürger** und Maß aller Dinge?
- Was versteht man unter Big Data, Algorithmen, Machine Learning (ML), neuronalen Netzwerken, Deep Learning (DL) und Natural Language Processing (NLP)?
- Worin liegt die Bedeutung von Hash-Funktionen, Smart Contracts, Ledger und digitalen Schlüsseln?
- Wie ist der **Zusammenhang** mit **Telemedizin, Gesundheits-Apps, Robotik, Virtual Reality** und **Quantencomputern?** Und was hat ein **digitaler Zwilling** mit KI zu tun?
- Welche konkreten **weltweiten Praxisbeispiele** der Anwendung von KI und Blockchain gibt es aktuell? Wo steht **Europa** im Vergleich zu den **USA** und **Asien?**
- Gibt es **Herausforderungen** bei der Umsetzung? Welche **Risiken**, aber auch welche **Potenziale** bestehen?
- Welche Rolle spielen **sensible Gesundheitsdaten, Diskriminierung** und **Ethik**?
- Braucht es einen **europäischen Datenraum** und **digitale Souveränität** eines jeden Bürgers? Was bedeutet in diesem Zusammenhang **GAIA-X?** Welche **Rolle** und **Verantwortung** kommt dabei der **Politik** zu?

- Bringt es für Ärzte einen Nutzen, oder birgt es Gefahren, **Gesundheitsdaten** auf einer **Blockchain** zu hinterlegen?
- Was haben **monetäre Belohnungssysteme** von Krankenversicherungen und Leistungserbringern mit KI und Blockchain zu tun?
- Und wie sieht die **Gesundheitswelt** von **morgen** aus? Werden die großen **Tech-Konzerne** anhand von Daten und KI die **neue treibende Kraft** im Gesundheitswesen sein?

Dieses Buch erläutert in verständlicher Weise, ohne dabei allzu technisch zu werden, den Themenkomplex KI und Blockchain speziell in Bezug auf das Gesundheitswesen, eingebettet in den Gesamtkontext der Digitalisierung.

Zur Veranschaulichung und Verdeutlichung der unterschiedlichen Geschwindigkeiten, mit denen KI und Blockchain bislang in verschiedenen Ländern im Gesundheitswesen zum Einsatz kommen, werden die theoretischen Erläuterungen und inhaltlichen Aussagen, soweit zweckmäßig, durch weltweite praktische Beispiele aus dem Gesundheitswesen sowie den Bereichen Industrie, Wirtschaft, Politik und Wissenschaft ergänzt. Zur verständlicheren Darstellung dienen Tabellen und Grafiken. Zusammenhänge werden leicht verständlich und anschaulich erklärt, um dem Leser die transformative Kraft von disruptiven Technologien im Gesundheitswesen zu veranschaulichen.

Dieses Buch versteht sich als Sachbuch. Es will dem interessierten Leser einen **Gesamtüberblick** und das dafür erforderliche **Basiswissen** vermitteln mit der Möglichkeit zur **Wissensvertiefung**. Daher ist das Buch so aufgebaut, dass einzelne Kapitel auch übersprungen werden können, wenn der Leser mit den jeweiligen Inhalten schon vertraut ist und er sein Wissen anhand anderer Kapitel erweitern möchte. Da einzelne Themen- und Technikkomplexe inhaltlich eng miteinander verknüpft sind, wird an entsprechenden Textstellen auf andere Kapitel mit gleichgelagerter Thematik verwiesen. Dieses Buch kann somit auch als **Nachschlagewerk** genutzt werden, d.h., einzelne Kapitel können unabhängig voneinander gelesen werden.

Zudem dient dieses Buch mit seinen Erläuterungen als **Argumentations- und Entscheidungshilfe**, um die digitalen Verwendungsmöglichkeiten von KI und Blockchain im Gesundheitswesen auf deren Angemessenheit bzw. Verhältnismäßigkeit zu überprüfen und im Rahmen einer **lösungs- und zweckorientierten Interessenabwägung** umfänglich beurteilen zu können. Durch das Aufzeigen der potenziellen Vor- und Nachteile, Chancen und Herausforderungen sowie der weltweiten Entwicklungen in diesem Bereich soll der **Leser zu eigenen Überlegungen angeregt** werden, um sich ein besseres Bild vom Thema zu machen. Entscheidungsprozesse können so auf Basis einer **neutralen und faktenbasierten Analyse** durch den Leser vereinfacht vorgenommen und gleichzeitig gesellschaftsrelevante digitale Transformationsprozesse im Gesundheitswesen angeregt und begleitet werden.

Die in Teilen **kritische Auseinandersetzung** mit den technologischen Neuerungen, das Hinterfragen aktueller Entwicklungen und das Aufzeigen zukünftiger, teilweise abstrakter Ansätze (z.B. in welche Richtung sich das Gesundheitswesen entwickeln wird/kann) (➤ Kap. 5) sollen den Leser befähigen, **Zusammenhänge rechtzeitig zu erkennen**, in ihrer gesamten **Dimension besser zu verstehen** sowie daraus potenzielle **Implikationen** für die Gesundheit und das Gesundheitswesen ableiten zu können – Letzteres zum einen als Einzelperson (z.B. ist der Einsatz einer Blockchain für mich als Arzt sinnvoll?), zum anderen als Kollektiv von Entscheidungsträgern, z.B. in Politik, Behörden, Kliniken, Wirtschaft etc.

Aufgrund des großen und weiter zunehmenden öffentlichen Interesses an diesem Thema wurde die **Zielgruppe** des Buches breit gefasst. Adressaten sind alle an der Materie interessierten Stakeholder sowie alle in den Wirtschaftskreislauf des Gesundheitswesens involvierten Personen.

- Das Buch richtet sich zum einen an den interessierten Laien, der keine oder nur geringe Kenntnisse zum Thema KI und Blockchain mitbringt und sich mit diesem komplexen Themenbereich näher vertraut machen möchte, um ein Grundverständnis für die damit einhergehenden Fragestellungen und deren Einordnung in den Gesamtkontext der Digitalisierung zu entwickeln.
- Zum anderen richtet es sich an jene Leser, die bereits von den vorab genannten Begrifflichkeiten gehört haben und über Kenntnisse in diesem Bereich verfügen, darüber hinaus aber mehr über technische Entwicklungen, praktische Anwendungen, Herausforderungen, Chancen und Zusammenhänge erfahren, vorhandenes Wissen vertiefen, sich über neue Ansätze informieren und zu neuen Denkweisen anregen lassen möchten.

Angesprochen sind unter anderem, aber nicht ausschließlich Angehörige der Gesundheitsberufe, Gesundheitsdienstleister und Ärzte, Mitarbeitende von Organisationen und öffentlichen Institutionen, Gesundheitsdirektionen und (Kranken-)Versicherungen sowie andere Interessensgruppen inklusive der Patienten. Weitere Adressaten sind Politiker und Entscheidungsträger in Behörden sowie in Industrie, Forschung und Lehre Tätige. Darüber hinaus empfiehlt sich die Lektüre dieses Buches auch für diejenigen, die sich wirtschaftlich in den Bereichen des Gesundheitswesens engagieren wollen, in denen der Einsatz der beschriebenen Technologien besonderes Potenzial bietet und als zukunftsträchtig erachtet wird.

Das Buch beginnt in ➤ Kap. 2 mit der Skizzierung der **Digitalisierung des Gesundheitswesens** im Allgemeinen und der weltweiten Entwicklung im Speziellen, bevor es in ➤ Kap. 3 den Einsatz von **KI** und in ➤ Kap. 4 das Thema **Blockchain** im Gesundheitswesen näher beleuchtet. **Zukunftsszenarien und Thesen** für das Gesundheitswesen unter Einsatz disruptiver Technologien werden in ➤ Kap. 5 dargestellt. Dabei wird näher darauf eingegangen, welche Rolle die internationalen Technologiekonzerne, die sog. **Big Tech,** dabei spielen und welche Konsequenzen dies für die Gesundheit und das Gesundheitswesen mit sich bringen kann. Ein **persönliches Schlusswort** zum zukünftigen digitalen Gesundheitswesen in ➤ Kap. 6 rundet dieses Buch ab. Um dem Leser die Navigation durch die verschiedenen Technologien und deren Anwendungsbereiche zu erleichtern, erfolgt in den jeweiligen Kapiteln eine einleitende Erläuterung der relevanten Standardbegriffe und eine Skizzierung der jeweiligen Technik, u. a. anhand von schematischen Darstellungen.

Dieses Buch versteht sich nicht als Leitfaden für eine Diskussion rein technischer Aspekte oder als Antwort auf die Frage „analog versus digital". Es hat vielmehr den Anspruch, die Grundlage für weitere gesellschaftliche Diskussionen und Entscheidungen betreffend die Veränderung des Gesundheitswesens durch zukunftsweisende Technologien zu legen.

Nicht alle Themenbereiche können, aufgrund ihrer Komplexität, in ihrer gesamten Dimension dargestellt werden, da eine Erläuterung aller Facetten über den Umfang dieses Buches hinausgehen würde. Um dem Leser aber einen möglichst vollständigen Eindruck von der Gesamtthematik zu geben, werden die relevanten Teilaspekte skizziert, damit diese im Rahmen einer zukünftigen Vertiefung wieder aufgegriffen werden können.

Fazit

- Die Gesundheitssysteme weltweit stehen vor großen Herausforderungen.
- Die COVID-19-Pandemie trägt nicht unwesentlich zur digitalen Transformation des Gesundheitswesens bei.
- Für ein effizientes Gesundheitswesen müssen technologischer Fortschritt und digitale Transformation konsequent gestärkt und mit angemessener Geschwindigkeit kontinuierlich weiterentwickelt werden.
- Der verantwortungsvolle und richtige Einsatz von KI und Technologien wie Blockchain bietet neben Herausforderungen auch große Chancen.
- Ein grundlegendes Verständnis dieser zukunftsweisenden Technologien ist erforderlich, um Vertrauen in deren Anwendung zu schaffen und eine zielkonforme Anwendung zu ermöglichen.

QUELLEN
[1] United Nations, General Assembly, „Transforming our World: the 2030 Agenda for Sustainable Development", A/RES/70/1, 25.9.2015, S. 14/35, www.un.org/ga/search/view_doc. asp?symbol=A/RES/70/1&Lang=E (letzter Zugriff: 9.11.2020).

2 Digitalisierung: eine wesentliche Komponente für ein erfolgreiches Gesundheitswesen

„Die Digitalisierung des Gesundheitswesens ist nicht nur ein Image-Thema, sondern für die Gesundheitsversorgung der Bürger und die Wirtschaftskraft eines Landes unverzichtbar, um international wettbewerbsfähig zu bleiben."

Nicole Formica-Schiller

Unter dem Stichwort digitale Gesundheit werden bereits seit Jahren routinemäßig, aber auch mit innovativen Ansätzen verschiedenste Technologien im Gesundheitswesen eingesetzt. Die Implementierung des technologischen Fortschritts im Gesundheitswesen, das Zusammenspiel von Menschen und Digitalem, ist daher grundsätzlich nichts Neues. Dennoch ist es essenziell, die bisherige Digitalisierung im Gesundheitswesen angesichts des weltweiten technologischen Fortschritts stets aufs Neue zu evaluieren und weitere erforderliche Maßnahmen umzusetzen, um ein digitales Gesundheitswesen aufzubauen, in dem der Mensch und das Gemeinwohl im Mittelpunkt stehen. Denn digitale Innovationen können einen wesentlichen Teil dazu beitragen, dass wir den eingangs erwähnten aktuellen und zukünftigen Herausforderungen des Gesundheitswesens wirksam entgegentreten können.

Wie also steht es um die Digitalisierung des Gesundheitswesens? Was ist neu am Thema bzw. ist überhaupt etwas neu? Was versteht man unter den in diesem Zusammenhang oftmals verwendeten Begriffen? Was sind die Chancen und Herausforderungen der Digitalisierung, und worin besteht der Zusammenhang mit KI und Blockchain? Bedarf es einer Digitalisierungsoffensive, gerade wenn es um den Einsatz von KI oder blockchainbasierten Lösungsansätzen geht? Und wie steht es generell um die Digitalisierung des Gesundheitswesens in Europa, in den USA und Asien?

2.1 Digitales Gesundheitswesen: relevante Begriffe und deren Abgrenzung

Spricht man von der Digitalisierung im Gesundheitswesen, werden oftmals viele verschiedene **Begriffe unscharf voneinander getrennt** oder miteinander vermischt. Dies ist teilweise auf das Fehlen einheitlicher Definitionen sowie die vielen verschiedenen Akteure weltweit und die sich oftmals überschneidenden Anwendungsfelder zurückzuführen.

Nachfolgend werden die am häufigsten im Zusammenhang mit der Digitalisierung im Gesundheitswesen verwendeten Begriffe kurz erläutert und voneinander abgegrenzt. Ziel ist es, dem Leser ein grobes Verständnis der einzelnen Begriffe zu vermitteln – fern von einer offiziellen, wissenschaftlich einwandfreien Definition, damit er diese besser in den Gesamtkontext einordnen kann. Auf weitere Begriffe im Zusammenhang mit KI und Blockchain wird darüber hinaus detailliert in ➤ Kap. 3 und ➤ Kap. 4 eingegangen.

2.1.1 Künstliche Intelligenz und Blockchain

DEFINITION
Künstliche Intelligenz (KI)

KI (siehe dazu auch ➤ Kap. 3), im Englischen als „Artificial Intelligence" (AI) bezeichnet, simuliert menschliche Intelligenz mit Computersystemen bzw. Maschinen. Algorithmen bilden dabei das menschliche intelligente Verhalten bzw. menschliche Entscheidungsstrukturen ab bzw. simulieren diese. Aus diesem Grund begegnet man mitunter auch dem Begriff „nachgeahmte Intelligenz".

KI ist ein Teilgebiet der Informatik und umfasst intelligentes Problemlösungsverhalten, die Schaffung intelligenter Computersysteme im Sinne eines maschinellen Lernens und die Automatisierung intelligenten Verhaltens. Kernaspekte sind das Erfassen von Informationen und Regeln, um diese Informationen zu verwenden (sog. **Lernen**), die Verwendung der Regeln, um Konsequenzen ableiten zu können (sog. **Schlussfolgerung**), und die erforderliche **Selbstkorrektur**.

Ziel von KI ist es, Computersysteme zu entwickeln, die in der Lage sind, komplexe Probleme auf eine Art und Weise zu lösen, die dem logischen Denken des Menschen ähnlich ist, jedoch mit höherer Geschwindigkeit und Effizienz erfolgt, u. a. bei der Ausführung administrativer und operativer Funktionen. KI kommt aufgrund ihres großen Potenzials (➤ Kap. 2.2.1 und ➤ Kap. 3.3) eine immer größere Bedeutung zu.

DEFINITION
Blockchain

Blockchain ist eine digitale, dezentrale Datenbank (➤ Kap. 4). Sie besteht aus kontinuierlich erweiterbaren und aktualisierten Listen von Datensätzen (engl. „blocks"). Kryptografische Verfahren verketten (engl. „chain") diese miteinander.

Das Konzept der Blockchain ist vergleichbar einem **dezentralen** Buchführungssystem in der Buchhaltung (engl. „ledger"), bei dem viele Personen mit unterschiedlichen Transaktionen beteiligt sind und daher der jeweils korrekte Zustand realitätsgetreu dokumentiert sein muss. Die Blockchain ist eine besondere Ausprägung der **Distributed Ledger Technology** (DLT) (➤ Kap. 4.1.2). Jeder Vorgang bzw. jede Transaktion wird kollektiv in einer Dateneinheit gespeichert, die als Block bezeichnet wird. Ein solcher Block ist sicher mit den vorhergehenden Datenblöcken verbunden, kann von niemandem unkontrolliert manipuliert werden und bildet so eine Informationskette, auf welche die jeweilige

Benutzergruppe im Netzwerk zugreifen kann. Jede Blockchain liegt als identische Kopie auf allen daran beteiligten Rechnern vor und enthält alle gültigen Transaktionen, die bis dahin durchgeführt wurden. Die Datenbank erlaubt es jedem Nutzer in der Blockchain, die gesamte darauf abgelegte (Vor-)Geschichte einzusehen und auf die Informationen zuzugreifen.

Es existiert ein Protokoll zwischen den Netzwerkteilnehmern, durch das gewährleistet wird und in dem kodiert ist, dass alle Knoten (d. h. Teilnehmer bzw. Geräte an dem Netzwerk) der Blockchain synchronisiert und auf dem gleichen Stand sind und zwischen allen ein Konsens (**Konsensmechanismus**, ➤ Kap. 4.1.1) über die Legitimität der Transaktionen bzw. den jeweiligen aktuellen Stand der Blockchain besteht. Dieses Protokoll wird von der Gemeinschaft der Benutzer stets fortgeschrieben. Jede Partei kann die Aufzeichnungen der Transaktionen überprüfen, ohne dass es dazu einer Mittelsperson bedarf.

Die Blockchain ist **transparent** gestaltet, die Transaktionen werden pseudonymisiert. Sie verfügen über eine eindeutige Adresse bzw. einen sog. Schlüssel, mit dem die jeweilige Transaktion signiert wird. Jede Transaktion ist für alle zugangsberechtigten Benutzer sichtbar, was diesen Prozess transparent macht. Jede Transaktion ist mit ihrer Vorgeschichte verknüpft und kann nicht rückwirkend gelöscht oder geändert werden. Rechenalgorithmen werden eingesetzt, um sicherzustellen, dass jede Änderung zu einer permanenten chronologischen Aufzeichnung wird, die über alle Knotenpunkte aktualisiert wird und somit Daten aus vergangenen Transaktionen verifiziert und zusammengeführt werden. Auf der Blockchain werden üblicherweise Transaktionen gespeichert. Grundsätzlich ist aber das Speichern jeglicher Form von Daten möglich.

2.1.2 Disruptive Technologien

DEFINITION

Disruptive Technologien

Im Digitalbereich bezeichnet man disruptive Innovationen als disruptive Technologien (engl. „disruptive technologies"). Diese innovativen Technologien verändern nicht nur bisher vorhandene Technologien, Produkte und Dienstleistungen (engl. „services"), sondern können sie aufgrund neuer und weiterentwickelter Produkteigenschaften mit der Zeit vollständig ersetzen.

Disruptive Innovationen prägen die Menschheit seit Jahrtausenden. Beispielhaft lässt sich die industrielle Massenproduktion von Autos anführen, welche die Pferdekutschen ersetzt hat, oder aktuell das Smartphone, das viele andere Gegenstände überflüssig macht. Darunter finden sich Produkte und Ideen, die, auch wenn sie womöglich schon länger vorhanden sind, das Nutzerverhalten und somit die Wirtschaftsmärkte zukünftig viel stärker beeinflussen werden.

Aktuellen Technologien gegenüber sind disruptive Technologien am Anfang meist unterlegen und daher hauptsächlich in neuen Märkten vorhanden. Mit der Zeit übertreffen sie aber ihre Vorgänger und verdrängen sie vom Markt. Anfangs werden disruptive Technologien von der Allgemeinheit vor allem als „**Nischenprodukte**" betrachtet; die Dimension ihres **Veränderungspotenzials** wird nicht rechtzeitig erkannt und massiv unterschätzt. Daher bietet es **große Wettbewerbsvorteile**, sich rechtzeitig mit disruptiven Technologien auseinanderzusetzen und diese in das eigene Portfolio aufzunehmen.

HINTERGRUNDWISSEN

Disruptive Technologien und damit einhergehende Themenbereiche mit dem Potenzial, die Zukunft grundlegend zu verändern (Stand 2020):

- **Blockchain**-Technologie (➤ Kap. 4)
- **Autonomous Things (AuT),** d.h. von KI und Machine Learning (ML) (➤ Kap. 3.1.3), geprägte autonome Prozesse (z.B. autonome Fahrzeuge, Roboter, Drohnen)
- **Augmented Analytics,** d.h. die Transformation der Erstellung bis hin zur Verbreitung analytischer Inhalte mittels ML, z.B. im Zusammenhang mit der Aufbereitung von Big Data (➤ Kap. 3.1.2)
- **KI** als Hauptelement bei der Entwicklung von Anwendungen, Tools etc. (➤ Kap. 3)
- **Digitale Zwillinge** (vgl. These 10 in ➤ Kap. 5.1.10), d.h. die digitale 1:1-Kopie und -Darstellung eines Objekts, Prozesses etc.
- **Quantencomputer,** d.h. auf Quantenlevel basierend und dadurch schnellere und effizientere Problemlösungen und Optionen für komplexe Sachverhalte (vgl. These 11 in ➤ Kap. 5.1.11). Gegensatz dazu ist das bisherige „Digital Computing".
- **Digitalethik, Datenschutz und Privatsphäre** als wichtige Themen für Privatpersonen, Regierungen und Unternehmen (➤ Kap. 3.2.4, ➤ Kap. 3.2.5) in einer digitalen Welt
- **Immersive Experience**, d.h. komplette Veränderung der Wahrnehmung und Interaktion mit der virtuellen Welt durch die Anwendung von AR, VR und MR (➤ Kap. 2.1.3)
- **Edge Computing**, d.h. Verarbeitung von Datenströmen dezentral bereits am Rande eines Netzwerks und direkt vor Ort, z.B. am Endgerät und nicht zentral in der Cloud. Dies ermöglicht insbesondere im Zusammenhang mit 5G-Netzwerken geringere Verzögerungszeiten, die Schonung von Ressourcen, Entlastung von Datenzentren und Erzielung einer besseren Highend-Performance.

2.1.3 Augmented Reality, Virtual Reality, Mixed Reality und Augmented Virtuality

DEFINITION

Augmented Reality (AR)

AR bezeichnet eine erweiterte Wahrnehmung der Realität. Dabei bildet die Wahrnehmung der realen Welt die Grundlage. Darüber wird mit technologischen Mitteln wie Smartphones und Apps eine weitere, künstlich geschaffene Ebene gelegt.

Virtual Reality (VR)

Unter VR versteht man eine vollständig computergeschaffene, nicht real existierende 3D-Welt, die grundsätzlich vom Computer bzw. Smartphone erstellt werden kann.

Mixed Reality (MR)

MR umfasst die gesamte Bandbreite zwischen VR und realer Welt. Dabei kommt es zu einem Verschmelzen der echten mit der virtuellen Welt. Es wird eine Umgebung geschaffen, in der digitale und physische Objekte miteinander interagieren.

Augmented Virtuality (AV)

Von AV spricht man, wenn reale Personen oder Objekte in virtuelle Welten eingeblendet werden.

Haben z.B. Apps Zugriff auf die Smartphone-Kamera, wird damit bei AR die Umgebung wahrgenommen. So entsteht eine Einheit aus einer um künstliche Elemente erweiterten realen Welt.

Sobald man sich in eine VR begibt, wird die reale Welt vollständig ausgeblendet. Begünstigt wird dies durch die Tatsache, dass sich die virtuelle Realität in Echtzeit den realen Bewegungen anpasst und diese virtuell darstellt. Dies geschieht über Sensoren, die mit einem Head-Mounted Display (HMD; ein auf dem Kopf zu tragendes kleines Displaysystem bzw. eine Bildschirmanzeige) interagieren bzw. an diesem angebracht sind. Es gibt verschiedene Arten von HMDs, z.B. spezielle Brillen, die als Wiedergabegerät für den VR-Inhalt dienen. So können z.B. Bilder auf die Netzhaut der Augen oder einen Bildschirm projiziert werden.

Mit AR und VR werden Realität und Virtualität miteinander verbunden, um so Räume zu generieren, die um virtuelle Komponenten angereichert sind. Für AR und VR finden sich gerade in der Medizin verschiedene **zukunftsträchtige Anwendungsmöglichkeiten**. So kann z.B. das Zusammenspiel von AR bzw. VR, KI und digitalen Zwillingen (vgl. These 10 in ➤ Kap. 5.1.10) zu einer großen Effizienzsteigerung beitragen und helfen, die chirurgischen Fehlerraten in Schlüsselbereichen wie der Hüft-, Knie- und Schulterendoprothetik, der Wirbelsäulenchirurgie und bei Osteotomien zu reduzieren.

In der MR interagieren digitale Elemente mit der Realität. Sie passen sich an bzw. bewegen sich mit den vorhandenen Dimensionen.

2.1.4 Robotik

DEFINITION
Robotik

Mit dem Begriff Robotik fasst man die gesamten Phasen des Entwurfs, der Steuerung, Produktion und den Betrieb technischer Apparaturen (sog. Roboter) zusammen. Robotik umfasst Teilgebiete der Informatik (vor allem KI), des Maschinenbaus und der Elektrotechnik.

Im Bereich der Robotik unterscheidet man u.a. **Hardwareroboter** (mit Hard- und Software), **Softwareroboter** (Bots), **anthropomorphe oder humanoide Roboter** mit Gliedmaßen bzw. menschlichem Aussehen nachempfunden sowie Mikro- und **Nanoroboter** für den Bereich der Nanotechnologie. Letztere können derart kleine Ausmaße annehmen, dass man z.B. mehrere zehntausend von ihnen nebeneinander auf dem Durchmesser eines Haares aufstellen könnte. Diesem Bereich wird in der Medizin eine große Zukunft vorausgesagt (vgl. These 9 in ➤ Kap. 5.1.9).

Für das Gesundheitswesen bietet der Einsatz von Robotern, zusätzlich zu den vorab genannten Nanorobotern, viele weitere Möglichkeiten, z.B. in Gestalt von Therapie- oder Pflegerobotern sowie Robotern zur Unterstützung mechanischer und operativer Tätigkeiten.

2.1.5 Digitalisierung, Digital Health, E-Health und M-Health

DEFINITION
Digitalisierung im Gesundheitswesen

Digitalisierung im Gesundheitswesen ist der Oberbegriff für sämtliche damit zusammenhängenden Innovationen und Weiterentwicklungen auf der Basis digitaler IT-Strukturen und Technologien unter Einsatz von Informations- und Kommunikationstechnologie (IKT).

Dabei kommt der Vernetzung und der digitalen Interaktion der verschiedenen Stakeholder, einer Effizienzsteigerung, der Reflexion bestehender interner und externer Prozessabläufe und Geschäftsmodelle, der Schaffung der technischen IT-Infrastruktur, disruptiven Technologien (➤ Kap. 2.1.2) und Daten (➤ Kap. 2.2.2) für eine erfolgreiche Digitalisierung im Gesundheitswesen eine wichtige Rolle zu.

DEFINITION
Digital Health

Als Digital Health bezeichnet man den Einsatz digitaler Technologien im Gesundheitswesen auf einer breiteren Ebene als ausschließlich der Ebene der professionellen Dienstleister, z. B. Krankenhäuser und Ärzte (Stichwort: E-Health). Einige vertreten dabei die Ansicht, dass der Begriff Digital Health seine eigentlichen Wurzeln im E-Health hat [1].

Mit der zunehmenden Diskussion um KI und Big Data im Gesundheitswesen lässt sich vermehrt beobachten, dass Digital Health als **Sammelbegriff** für **E-Health, M-Health und neue Bereiche**, die durch Einsatz von KI sowie Big Data bedingt sind, verwendet wird.

So reicht die Bandbreite der Themen im Digital Health vom Einsatz verschiedener Hardware (Stichwort: mobile Endgeräte wie Fitness-Armbänder, Smartphones, Sensoren) und Software (z. B. KI, ML) über Netzwerke (z. B. Internet der Dinge, engl. „Internet of Things" [IoT], M-Health) bis hin zu Daten, Genomik, personalisierter Medizin etc. Unter dem IoT versteht man ein Netzwerk von physischen Objekten, die u. a. anhand von Sensoren, Software und anderen Technologien Informationen über ihre direkte Umgebung sammeln, analysieren und diese Daten mit anderen Geräten und Systemen über das Internet verknüpfen und austauschen. Darauf basierend erledigen die Geräte bestimmte Aufgaben.

Digital Health ist im Kontext eines vernetzten Gesundheitssystems zu sehen, bei dem computergestützte Diagnoseverfahren und mannigfaltige Computertechnologien Hand in Hand gehen mit digitalen Kommunikationsformen, z. B. Telemedizin, E-Mail, SMS, Gesundheits-Apps und Wearables.

DEFINITION
E-Health

Der Begriff E-Health ist enger gefasst als Digital Health und stellt einen Oberbegriff für sämtliche medizinischen und gesundheitsbezogenen Einsatzmöglichkeiten und Anwendungen dar, die moderne IKTs im Gesundheitswesen ausmachen.

Im Fokus stehen hierbei professionelle Gesundheitsdienstleister wie z. B. Kliniken und Ärzte. Dabei werden Informationen und Daten elektronisch verarbeitet und über Datenverbindungen ausgetauscht, gespeichert, abgefragt und analysiert. E-Health ermöglicht somit die Verbindung von Informationen und Diensten im Bereich Gesundheit. So können u. a. Behandlungs- und Betreuungsprozesse von Patienten unterstützt und die digitale Kommunikation mit Gesundheitsversorgern und Organisationen verbessert werden. Beispiele sind die elektronische Gesundheitskarte und die Kommunikation der sich darauf befindlichen Daten, die elektronische Patientenakte und der E-Arztbrief, aber auch telemedizinische Anwendungen. Eine sichere Telematikinfrastruktur ist dabei die Grundvoraussetzung, um die Sicherheit der sensiblen Gesundheitsinformationen und Daten zu gewährleisten.

Der Begriff **Digital Health** wird **oft synonym mit E-Health** verwendet **und umge-kehrt**. Grundsätzlich haben beide die **gleiche Zielsetzung**, die u. a. in einem ganzheit-lichen Gesundheitsmanagement, einer besseren Prävention, Prognose, Diagnose und individualisierten Therapie sowie der Stärkung der Eigenverantwortung auch unter Zuhilfenahme von Daten besteht (➤ Kap. 5.1).

DEFINITION

M-Health

M-Health steht für Mobile Health und umfasst Anwendungen im Gesundheitswesen, die im Wesent-lichen mit Mobiltelefonen und anderen drahtlosen, mobilen Geräten genutzt werden können.

2.1.6 Telemedizin, Gesundheitstelematik, Telediagnostik, -therapie, -dokumentation und -monitoring

DEFINITION

Telemedizin und Gesundheitstelematik

- Mit Telemedizin bezeichnet man medizinische Angebote, die mithilfe von Gesundheitstelematik präsentiert werden.
- Von Gesundheitstelematik spricht man, wenn Telekommunikation zusammen mit Informatik zum Einsatz kommt.

Die Akzeptanz von Telemedizin und die Nutzung von Videosprechstunden sind 2020 ins-besondere vor dem Hintergrund von COVID-19 sowohl in der Bevölkerung als auch bei Ärzten überproportional gestiegen und werden auch weiterhin ansteigen. So konnten sich im Jahr 2020 **45 %** der deutschen **Bundesbürger** vorstellen, künftig eine **Videosprech-stunde** wahrzunehmen, **13 %** haben dies bereits getan [2]. Im Vergleich zum Vorjahr bedeutet dies einen **Anstieg um das nahezu Dreifache**. Vor der COVID-19-Pandemie nutzten gemäß einer Erhebung der Stiftung Gesundheit Ende 2017 gerade einmal 1,8 % der ambulant tätigen Ärzte in Deutschland die Möglichkeit von Videosprechstunden [3]. Während der Pandemie im Mai 2020 gaben 52,3 % der Befragten an, Videosprechstunden anzubieten [3].

DEFINITION

Telemedizinische Dienstleistungen

Unterbegriffe der Telemedizin sind u. a.:
- Telediagnostik: ein Begriff, der oft im Zusammenhang mit Telemedizin und Gesundheitstelematik fällt. Darunter versteht man individuelle Anwendungen unter Einsatz von IKT zum Zwecke der Diagnose über eine (größere) räumliche Distanz, z. B. Telekardiologie.
- Teletherapie: Behandlung durch Einsatz von IKT durch Gesundheitsdienstleister, der dazu nicht vor Ort anwesend sein muss, sondern die therapeutischen Maßnahmen „aus der Ferne" einleiten kann.
- Teledokumentation: elektronische Erstellung, Archivierung und Austausch gesundheitsbezogener Daten, Informationen und Unterlagen.
- Telemonitoring: IKT-basierte Anwendungen zur Analyse, Überwachung und Kontrolle, z. B. von Vitalparametern, im Zusammenhang mit Patientenbehandlungen.

So können z. B. Arztgespräche mittels Videosprechstunde angeboten werden; bei Bedarf kann die Diagnose durch Übertragung bildgebender Befunde und Parameter wie Blutdruck, Puls und Temperatur etc. ergänzt werden. Letzteres kann u. a. unter Zuhilfenahme medizinischer Apps (> Kap. 2.1.7) erfolgen. Etliche der Angebote in den vorab genannten Bereichen arbeiten mit KI. Ihnen werden große Wachstumchancen in den kommenden Jahren vorausgesagt.

2.1.7 Gesundheits-Apps und Wearables

DEFINITION

Gesundheits-Apps und Wearables

Spricht man von Gesundheits-Apps, sind damit zum einen spezifische Apps gemeint, die der Arzt passend zum jeweiligen Krankheitsbild verschreiben kann. Oft geht es dabei aber auch um allgemeine Fitness-, Ernährungs- oder Wellbeing-Apps. Da diese Apps oft in Smartphones oder Smartwatches integriert sind, bezeichnet man sie häufig auch als Wearables.

Die Bandbreite der Funktionen solcher Apps ist groß: Sie reicht vom Zählen der Schritte über die Aufzeichnung der Herzfrequenz bis hin zur Erinnerung an die Medikamenteneinnahme, um nur einige Beispiele zu nennen. Manche geben darüber hinaus auch Informationen z. B. zum Thema Ernährung. Ein Großteil dieser Apps basiert darauf, dass sie Vitaldaten des Nutzers erheben, diese auswerten und ihm auf dieser Grundlage Empfehlungen bzw. Handlungsanweisungen hinsichtlich seiner weiteren Verhaltensweisen geben. Unter diese Kategorie fallen z. B. aber auch „intelligenter Schmuck" bzw. „intelligente Ringe" (vgl. These 9 in > Kap. 5.1.9).

Nach einer aktuellen Umfrage vom März 2020 wünschen sich **58 %** der Smartphone-Nutzer unter den Patienten, dass ihr Arzt ihnen Empfehlungen zu Gesundheits-Apps gibt [4]. Insgesamt **42 %** der Ärzte stehen dem positiv und 48 % zumindest teilweise offen gegenüber, allerdings fühlen sich gemäß einer Umfrage, die von März bis Mai 2020 unter 1.000 Ärzten in Deutschland durchgeführt wurde, insgesamt **56 %** der Ärzte schlecht auf die Beratung rund um Apps vorbereitet und wünschen sich Informationen über Gesundheits-Apps (> Abb. 2.1) [5]. Anhand von Pilotprojekten von z. B. Krankenkassen mit Kurzbeschreibungen und wesentlichen Fakten zu Gesundheits-Apps für Ärzte wird versucht, diesem Defizit entgegenzuwirken.

2.2 Künstliche Intelligenz und Blockchain im Kontext von Digitalisierung

Die digitale Entwicklung im Gesundheitswesen vollzieht sich mit rasantem Tempo. Durch die fortschreitende Digitalisierung werden **traditionelle Strukturen stark verändert**. Bisher gängige **Wertschöpfungsketten** entwickeln sich stellenweise **in eine andere Richtung,** und **neue Akteure** treten am Markt auf. Neben den Herausforderungen bieten sich große Chancen, insbesondere durch den Einsatz von KI- und Blockchain-basierten Technologien. Um die sich dadurch bietenden umfangreichen Möglichkeiten richtig in

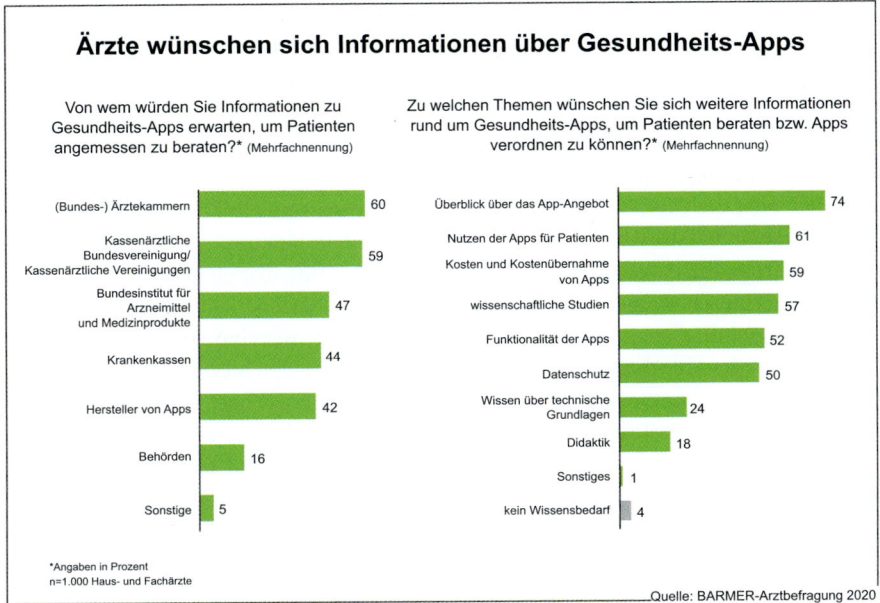

Abb. 2.1 Informationsbedarf von Ärzten bezüglich Gesundheits-Apps [W1142]

den Gesamtkontext einordnen zu können, ist es wichtig, den Zusammenhang zwischen der Digitalisierung im Allgemeinen und den genannten Technologien im Speziellen zu verstehen.

2.2.1 Chancen und Herausforderungen

Aufgrund der Digitalisierung und sich kontinuierlich immer schneller weiterentwickelnder Technologien ergeben sich im Gesundheitswesen **neue Chancen**, die man sich vor einigen Jahren teilweise noch nicht hätte vorstellen können. Abläufe können optimiert, Effizienzen gesteigert und Kosten eingespart werden. Maßnahmen zur Gesundheitsprävention sowie Analysen von Befunden können besser unterstützt, Diagnosen umfangreich verifiziert und spezifiziert, Entscheidungen für die bestmögliche Therapie zielgerichtet getroffen werden – all dies unter der Prämisse, das Patientenwohl als oberste Priorität jeglichen Handelns zu verstehen.

Ferner zeigen sich die Vorteile des Einsatzes technologischer Möglichkeiten bei der Behandlung von Patienten. Deren Daten können besser verwaltet und vernetzt und Kommunikationswege zwischen Arzt und Patient (z. B. mittels Telemedizin) vereinfacht werden. Moderne Technologie unterstützt bei automatisierter Labormedizin und ermöglicht eine präzisere Bildgebung in z. B. Kliniken und Praxen. Eine gut funktionierende und moderne digitale Infrastruktur bietet die Basis für u. a. den Einsatz von robotischen Assistenzsystemen und Hightech-Medizin sowie einer Vielzahl von KI- und blockchainbasierten Anwendungen. Die Liste lässt sich beliebig fortsetzen. Dabei erfasst die Digitalisierung alle Bereiche des Gesundheitswesens. Im besten Falle führt dies zu einer erhöhten Patienten- und Mitarbeiterzufriedenheit bei gleichzeitig optimierter Wirtschaftlichkeit.

HINTERGRUNDWISSEN

Laut einer Versichertenbefragung der Kassenärztlichen Bundesvereinigung (KBV) vom März 2020 erhoffen sich **51 %** der befragten Versicherten in Deutschland von der Digitalisierung im Gesundheitswesen künftige **Vorteile**. **39 % befürchten**, dass sich das Verhältnis zwischen Arzt und Patienten verschlechtern wird [4].

Natürlich geht die Digitalisierung des Gesundheitswesens nicht ohne **Herausforderungen** vonstatten. Bei der Abwägung der Vor- und Nachteile einer umfassenden Digitalisierung des Gesundheitswesens müssen auch die damit unmittelbar einhergehenden Fragen nach der technischen, medizinischen und rechtlichen Machbarkeit sowie dem ethisch Vertretbaren einfließen. Zudem gilt es, personelle Aspekte wie eine ausreichende digitale Qualifikation der Mitarbeiter und ausreichende Zeitkapazitäten hierfür in die Überlegungen einzubeziehen. Ein wesentlicher Aspekt ist zudem die Frage nach der wirtschaftlichen Machbarkeit, den Investitionskosten und der Finanzierbarkeit.

Unabdingbar sind darüber hinaus auch die Abstimmung mit der vorhandenen IT-Infrastruktur bzw. die Integration in vorhandene Strukturen sowie die Sicherstellung des Datenschutzes. Je nach Land bedarf es dabei der Modernisierung bzw. des Ausbaus der bestehenden Netzinfrastrukturen. Dies beginnt bei der internen und externen sektorübergreifenden IT-Vernetzung, weg von Insellösungen hin zu einem Mehr an Interoperabilität, umfasst den Breitbandausbau und reicht bis hin zur Cybersicherheit (engl. „cyber security"), neuen Hochleistungsrechenzentren sowie dem zukünftigen Einsatz von Quantencomputern (vgl. These 11 in ➤ Kap. 5.1.11), um nur einige Beispiele zu nennen.

Als zusätzliche Herausforderung erweist sich die einheitliche Umsetzung digitaler Maßnahmen insbesondere in föderal organisierten Gesundheitssystemen. Je nach regionaler Ausprägung gilt es dabei eine unterschiedliche Investitionsbereitschaft und unterschiedliche Investitionsbudgets, aber auch historisch bedingte Unterschiede in den Ausgangssituationen in Bezug auf z. B. bereits vorhandene digitale Strukturen zu berücksichtigen.

2.2.2 Zusammenhänge

Eine kritische Auseinandersetzung mit den exemplarisch genannten Vor- und Nachteilen einer Digitalisierung des Gesundheitswesens und die Diskussion darüber dürfen aber nicht zu einer Verlangsamung des digitalen Wandels führen. Vielmehr gilt es insbesondere die Chancen, welche die Digitalisierung und die technologischen Neuerungen bieten, zu erkennen. Der technologische Fortschritt im Gesundheitswesen darf nicht isoliert, sondern muss als Teil eines interdisziplinären Gesamtprozesses bei der Umsetzung der Digitalisierung im Sinne einer Gemeinwohlorientierung verstanden werden.

Dabei muss sichergestellt sein, dass die digitale Transformation mit den strategischen Zielen in Einklang steht. Mangelnde **Koordination** und ungenügender **Umsetzungswillen** dürfen dem nicht entgegenstehen. Dies würde den **Innovationsprozess** nur unnötig verlangsamen und vermehrte Kosten verursachen.

Keineswegs zielführend ist es, die Digitalisierung als das per se zu erreichende Endziel zu betrachten. Vielmehr ist sie als **permanenter Prozess** zu verstehen und bildet die **Basis für den technologischen Fortschritt**. Dabei werden wir es in den kommenden Jahren mit einem immer größer werdenden Spektrum an Technologien zu tun haben, die zu einer grundlegenden Veränderung des Gesundheitswesens führen werden (➤ Kap. 5.1).

Dazu gehören u. a. die schnelle (Weiter-)Entwicklung und der vermehrte Einsatz von KI (➤ Kap. 3) und Blockchain (➤ Kap. 4).

Schon heute kommen immer öfter KI-gestützte Konzepte im Gesundheitswesen zur Anwendung; sie bedingen eine Vielzahl von Innovationen, deren Rolle in den kommenden Jahren immer wichtiger werden wird. Beispielhaft lassen sich hier KI- Anwendungen in der Prävention, Diagnostik, personalisierten Medizin zur Gensequenzierung und Spracherkennungssysteme für medizinische Dokumentationen anführen (➤ Kap. 3.3, ➤ Kap. 5.1).

All dies steht in engem Zusammenhang mit den Themen Big Data (➤ Kap. 3.1.2), Datengewinnung, Datenverarbeitung und Datenspeicherung. Die zukünftig im Gesundheitswesen generierten Daten werden u. a. durch den vermehrten Einsatz von KI unweigerlich um ein Vielfaches anwachsen. Dies kann zu großen Fortschritten in der Gesundheitsversorgung und -forschung beitragen.

Dabei ist zu beobachten, dass die Frage nach dem richtigen Umgang mit Daten auf nationaler, auf europäischer, aber auch auf internationaler Ebene in der Öffentlichkeit zunehmend intensiv und kontrovers diskutiert wird (➤ Kap. 3.2.5). Aspekte des **Datenschutzes** und dessen Relevanz gilt es dabei angemessen zu berücksichtigen, diese aber **nicht als** grundsätzliches Argument und als **Vorwand gegen Veränderungen** im Gesundheitswesen durch die Digitalisierung ins Feld zu führen.

Bislang weniger bekannt ist die Anwendung der Blockchain-Technologie im Gesundheitswesen, die in einigen Ländern bereits vermehrt eingesetzt wird, z. B. zur Verwaltung gesundheitsbezogener Daten (➤ Kap. 4.3, ➤ Kap. 4.4). Dabei gilt es hervorzuheben, dass blockchainbasierte Plattformen gemeinsam mit KI-basierten Anwendungen vielversprechende Lösungsansätze im Bereich des Gesundheitswesens bieten.

DEFINITION

Plattform

Ein einheitliches elektronisches System, vergleichbar einem Marktplatz, auf dem die Nutzer als Marktteilnehmer digitale wertschöpfende Prozesse oder Lösungen aufbauen und verwenden können. Die Verknüpfung untereinander ist hierbei ein wesentlicher Aspekt.

Sowohl für den Einsatz von **KI** als auch von **Blockchain** braucht es aber eine gut **funktionierende, einheitliche, sichere, sektorübergreifende und wettbewerbsfähige digitale Infrastruktur**, welche die verschiedenen Akteure über alle Ebenen hinweg miteinander verbindet und deren Interaktion ermöglicht.

Diese **Wechselbeziehung** zwischen den unterschiedlichen Stakeholdern und einer effizienten Digitalisierung, KI und Blockchain, ist zwingend als die unabdingbare Basis für einen ganzheitlichen Digitalisierungsansatz im Gesundheitswesen zu verstehen (➤ Abb. 2.2). Nur so kann eine **effiziente, zweckorientierte und erfolgreiche Einbindung** von KI und Blockchain in das digitale Gesundheitswesen, verbunden mit einer **nachhaltigen Nutzung** der damit einhergehenden Möglichkeiten, gelingen.

Wenn wir es versäumen, infolge von Digitalisierungsdefiziten die Anwendung von u. a. KI und Blockchain-Technologie bestmöglich und zeitnah in das Gesundheitswesen zu integrieren, wird dies unweigerlich dazu führen, dass wir in diesem Bereich den Anschluss an die **Weltspitze** verlieren. In der Folge würde die Chance verpasst werden, an dieser neuen **wirtschaftlichen Dynamik** teilzuhaben. Gerade in Zeiten der COVID-19-Pandemie

2

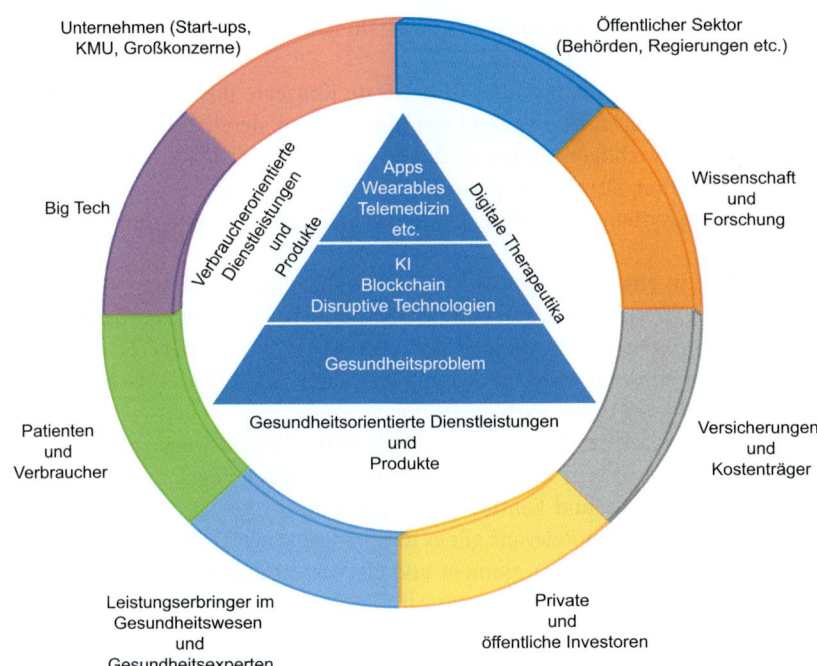

Abb. 2.2 Interaktion zwischen Stakeholdern, Digitalisierung, KI und Blockchain [P837, L143]

und ihren Auswirkungen sowohl auf das Gesundheits- als auch auf das Wirtschaftssystem käme dies einer großen vertanen Chance gleich. Schon 2018 hätten gemäß einer Studie bis zu 34 Mrd. Euro eingespart werden können, wenn das deutsche Gesundheitswesen digitalisiert gearbeitet hätte [6], was ca. 12 % des tatsächlichen Gesamtaufwands von hochgerechnet 290 Mrd. Euro in diesem Jahr entspricht.

Betrachtet man die Entwicklung und Anwendung von KI und Blockchain im Gesundheitswesen, zeigen sich bereits heute weltweit große Unterschiede (➤ Kap. 2.3). Daher gilt es in jeder Hinsicht zu vermeiden, dass ein potenziell vorhandenes **Digitalisierungsdefizit** durch ein weiteres Defizit im Bereich der Verwendung von z. B. KI und Blockchain noch vergrößert wird.

Um den Weg der digitalen Transformation erfolgreich zu beschreiten und die sich durch KI und andere disruptive Technologien bietenden Möglichkeiten effektiv zu nutzen, müssen sich alle Stakeholder intensiv mit dem Thema der Digitalisierung im Gesundheitswesen in Form eines permanenten Dialogs beteiligen. Dazu ist es erforderlich, einen Vergleich von **Ist- und Soll-Situation** vorzunehmen, daraus resultierende Fragestellungen zu erkennen, zu analysieren, richtig in den Gesamtkontext einzuordnen und zu lösen, um eine bedarfsgerechte Weiterentwicklung der Digitalisierung im Gesundheitswesen zu erreichen.

Zudem bedarf es der gegenseitigen Hilfestellung und eines kontinuierlichen Wissens- und Erfahrungsaustausches zwischen allen Beteiligten, um weg von **Insellösungen** und hin zu einem **einheitlichen Gesamtkonzept** zu kommen. Niemand kann z. B. von einem Allgemeinarzt verlangen, dass er die Materie der KI im Gesundheitswesen in allen Teilaspekten kennt. Man kann aber von ihm erwarten, dass er willens ist, sich mit der Materie praxisorientiert auseinanderzusetzen und kontinuierlich über Implementierungsmöglichkeiten in seinem Fachgebiet ernsthaft zu informieren und weiterzubilden. Hierzu empfiehlt es sich, externe Experten zur Unterstützung und Wissensvermittlung heranzuziehen.

Digitale Lösungen und die Verwendung von **KI und Blockchain** sind kein bloßer Zeitvertreib, sondern ein **entscheidender Baustein** auf dem Weg zu einer effizienten und besseren Gesundheitsversorgung.

Fazit

- Der **Mensch**, das **Gemeinwohl**, die **Fürsorge** und **Nachhaltigkeit** müssen bei einer effizienten Digitalisierung des Gesundheitswesens unter Berücksichtigung von Aspekten der **Wirtschaftlichkeit** im Mittelpunkt stehen.
- Die Digitalisierung führt zum **Aufbrechen traditioneller Strukturen**, zur Entstehung **neuer Wertschöpfungsketten** und zum Auftreten **neuer Akteure** am Markt (vgl. These 12 in ➤ Kap. 5.1.12).
- **Föderal** organisierte **Gesundheitssysteme** bergen besondere Herausforderungen.
- Es bedarf einer einheitlichen Digitalisierungsstrategie, weg von Insellösungen hin zu einem **interdisziplinären praxistauglichen Gesamtkonzept**.
- Der **verantwortungsvolle** und **rechtskonforme** Umgang mit **(Gesundheits-)Daten** ist ein wesentlicher Diskussionspunkt sowohl auf nationaler als auch auf internationaler Ebene.
- Der globale technologische Fortschritt bedingt ein kontinuierliches Überprüfen des jeweiligen **nationalen Status quo**, um den Anschluss an die **Weltspitze** nicht zu verlieren.
- KI und Blockchain bieten großes Potenzial für das Gesundheitswesen, insbesondere vor dem Hintergrund der **gesellschaftlichen** und **wirtschaftlichen Auswirkungen** der **COVID-19-Pandemie**.

2.3 Globales digitales Gesundheitswesen: eine Welt der unterschiedlichen Geschwindigkeiten

Betrachtet man die globale Digitalisierung des Gesundheitswesens, ist es kein Geheimnis, dass die verschiedenen Regionen der Welt in unterschiedlichem Tempo und mit unterschiedlicher Intensität voranschreiten, wenn es um den Aufbau wettbewerbsfähiger digitaler Infrastrukturen im Gesundheitswesen geht.

Während Estland, Kanada, Dänemark, Israel und Spanien diesbezüglich bereits 2018 unter den Spitzenreitern zu finden waren, belegten z. B. Frankreich und Deutschland nur hintere Plätze [7]. So sind aktuell **65 %** der Menschen in Deutschland der Meinung, dass der **Ausbau digitaler Gesundheitsangebote schneller** erfolgen müsse, und 60 % vertreten die Auffassung, Deutschland liege im Vergleich zu anderen Ländern zurück [2].

Um den Status quo der Digitalisierung in Bezug auf das anzustrebende Ausmaß der Digitalisierung zu überprüfen, zu messen und klar und nachprüfbar zu skalieren, existieren verschiedene Modelle. Ein Beispiel ist das *Electronic Medical Record Adoption Model* (EMRAM). Mit seiner Skalierung von Stufe 0 bis 7 ist es möglich, den Digitalisierungsgrad von Krankenhäusern im internationalen Vergleich darzustellen (➤ Abb. 2.3).

Darüber, wie die Digitalisierung sich am effektivsten und schnellsten umsetzen lässt, auch unter Einhaltung der entsprechenden Datenschutzstandards, bestehen von Land zu Land sehr unterschiedliche Ansichten. So gehört in einigen Ländern der Einsatz von KI, Videosprechstunden, Telemonitoring, digitalen Rezepten und elektronischen

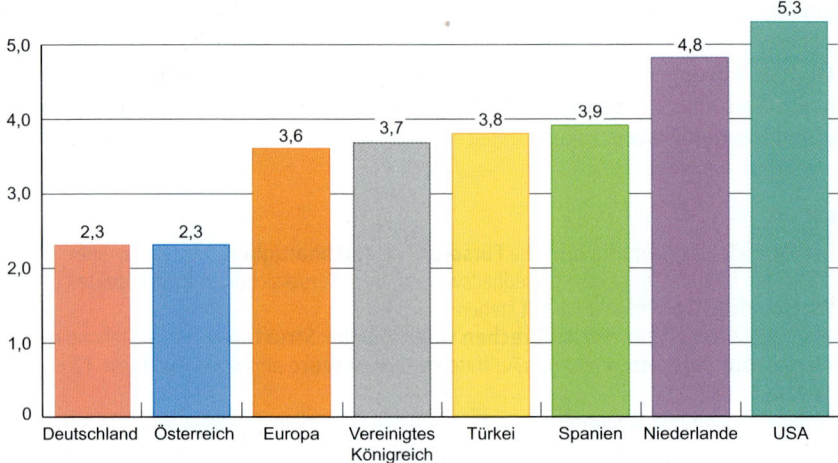

Quelle: Krankenhaus-Report 2019 des Wissenschaftlichen Instituts der AOK (WIdO).

Abb. 2.3 Internationaler Vergleich des Digitalisierungsgrades von Krankenhäusern anhand des EMRAM-Mittelwerts [L143, G920]

Patientenakten bereits seit Jahren zum Alltag im Gesundheitswesen, während andere Länder sich hier noch im Anfangsstadium der Implementierung befinden. Gemeinsam ist ihnen die Erkenntnis, dass die Digitalisierung für alle Beteiligten im Gesundheitswesen Herausforderungen, vor allem aber auch große Chancen bietet.

Will man die **weltweiten Entwicklungen** der Digitalisierung im Gesundheitswesen vergleichen, gilt es allerdings die **unterschiedlichen Rahmenbedingungen** und **strukturellen Besonderheiten** der jeweiligen Länder zu berücksichtigen. Die jeweilige **Rolle des Staates** bei der Förderung und Implementierung digitaler Maßnahmen unterscheidet sich von Land zu Land teilweise enorm. Zudem teilen nicht alle Länder die gleichen Standpunkte bzw. greifen auf vergleichbare gesetzliche Grundlagen zurück.

Das Thema „**Umgang mit Daten** und Datenschutz" lässt sich hierfür exemplarisch anführen. Darüber hinaus unterscheiden sich die **wirtschaftlichen Strukturen** und finanziellen Mittel der einzelnen Länder oftmals grundlegend. Auch ist es wichtig zu berücksichtigen, dass in einigen Ländern die **Entscheidungsbefugnis der Gesellschaft** in Bezug auf die Digitalisierung im eigenen Land und der damit einhergehenden Aspekte eher eingeschränkt ist. Dies spiegelt sich auch in der unterschiedlichen **Bereitschaft der Bevölkerung** wider, digitale Angebote, insbesondere im Gesundheitswesen, zu nutzen. Und selbst innerhalb einzelner Länder lassen sich regionale Unterschiede erkennen, z. B. bei der Förderung und Implementierung digitaler Maßnahmen.

Daher wäre es nicht realitätsgetreu, wenn man beim internationalen Vergleich für alle Länder denselben Maßstab anlegen würde. Allerdings gilt es, die internationalen digitalen Entwicklungen auch unter wettbewerbs- und sozioökonomischen Aspekten zu beobachten und daraus **Schlussfolgerungen für eine eigene nationale Strategie** abzuleiten.

In vielen Ländern hat die **COVID-19-Pandemie** 2020 in den verschiedensten Bereichen des Gesundheitswesens zu einem regelrechten **Digitalisierungsschub** geführt. Die Pandemie hat den Menschen gezeigt, welche Möglichkeiten digitale Gesundheitsangebote ihnen in ihrer Lebenswirklichkeit eröffnen und ihnen die Dringlichkeit der Digitalisierung des Gesundheitswesens nachdrücklich vor Augen geführt. Viele Menschen haben digitale Angebote angenommen und ihre Vorteile schätzen gelernt. Dadurch kam es zu einer neuen Wahrnehmung, wobei das, was man bislang nur aus theoretischen Debatten kannte, plötzlich im eigenen Alltag praktisch erfahrbar wurde. In kürzester Zeit wurde auf sehr drastische Weise deutlich, dass **Digitalisierung kein „Nice to have"** ist, sondern dass sie dem Menschen in einem der für ihn sensibelsten und wichtigsten Bereiche, nämlich der Gesundheit, essenziell von Nutzen sein kann.

2.3.1 Deutschland: Digitale-Versorgung-Gesetz, E-Rezept und elektronische Patientenakte

In Deutschland werden die schnellere Realisierung und Umsetzung der Digitalisierung des Gesundheitswesens seit einigen Jahren durch verschiedene gesetzliche Maßnahmen gesteuert. Die Umsetzung digitaler Gesundheitsprojekte und Vorhaben, die teilweise lange in der Schublade lagen, sowie die Schaffung der dazu erforderlichen legislativen Rahmenbedingungen werden mit großer Geschwindigkeit vorangetrieben, um einen großflächigen Einsatz digitaler Technologien im Gesundheitswesen zu ermöglichen.

HINTERGRUNDWISSEN

Als wesentliche Grundlage für die kontinuierliche Entwicklung der Digitalisierung im deutschen Gesundheitswesen dient die Telematikinfrastruktur (TI). Vor dem Hintergrund der **Datensicherheit als oberster Priorität** soll diese für eine Vernetzung sowie eine sichere und schnelle Kommunikation zwischen allen Stakeholdern des Gesundheitswesens (u. a. Ärzte, Therapeuten, Krankenhäuser, Krankenkassen und Apotheken) sorgen.

Ein starker Fokus liegt dabei auf der Schaffung einer einheitlichen digitalen Infrastruktur, der Vereinheitlichung bislang unterschiedlich zur Anwendung kommender IT-Systeme, der **Abschaffung von Insellösungen** sowie der Entwicklung von digitalen Projekten, die **nach erfolgreicher Testphase unmittelbar in der Praxis implementiert** und ausgeführt werden können. Gemeinsam angewendete Standards und einheitliche Schnittstellen sollen bislang unterschiedliche Systeme im Sinne von **Interoperabilität**, d. h. der Fähigkeit zur Zusammenarbeit von verschiedenen Techniken, Systemen u. Ä., ermöglichen, um insbesondere den Informationsaustausch möglichst effizient zu gestalten.

Wesentliche Grundlagen für die Digitalisierung des Gesundheitswesens in Deutschland wurden bereits um die Jahrtausendwende gelegt. Besonders aber in den letzten Jahren kam es zu einer Vielzahl von gesetzgeberischen Aktivitäten, um die Rahmenbedingungen für eine wettbewerbsfähige digitale Infrastruktur im Gesundheitswesen zu schaffen. Dies wurde weltweit mit großer Aufmerksamkeit wahrgenommen.

HINTERGRUNDWISSEN

- **2004:** Das **GKV-Modernisierungsgesetz** (**GMG**, „Gesetz zur Modernisierung der gesetzlichen Krankenversicherung") tritt in Kraft
  → Reform des deutschen Gesundheitswesens der rot-grünen Regierungskoalition unter Alt-Bundeskanzler Gerhard Schröder
  → Beginn der Erneuerung und Digitalisierung des deutschen Gesundheitswesens
- **2005:** Gründung der **gematik** (Gesellschaft für Telematikanwendungen der Gesundheitskarte mbH) als Betreibergesellschaft der TI

2

- **2011:** Start der ersten Generation der **elektronischen Gesundheitskarte (eGK)**
- **2015**: eGK als alleiniger Berechtigungsnachweis bei Inanspruchnahme ärztlicher Leistungen der GKV
- **2016**: **E-Health-Gesetz** („Gesetz für sichere digitale Kommunikation und Anwendung im Gesundheitswesen") als Fahrplan für den Aufbau einer sicheren TI und Einführung medizinischer Anwendungen tritt in Kraft [8]
  Ziel:
  – Chancen der Digitalisierung für die Gesundheitsversorgung nutzen
  – Anreize schaffen für die zügige Einführung und Nutzung medizinischer Anwendungen:
    – modernes Versichertenstammdatenmanagement (VSDM)
    – Notfalldatenmanagement (NFDM)
    – elektronischer Arztbrief (eArztbrief)
    – einheitlicher Medikationsplan (eMP)
    – elektronisches Patientenfach (ePF)
    – elektronische Patientenakte (ePA)
    – elektronischer Arztausweis bzw. Heilberufsausweis (eHBA)
    – telemedizinische Leistungen wie Online-Videosprechstunde, telekonsiliarische Befundbeurteilung etc.
  – Vorgaben für die Organisationen der Selbstverwaltung mit Sanktionen bei Nichteinhaltung
  – Erstellung eines Interoperabilitätsverzeichnisses zur Verbesserung der Kommunikation verschiedener IT-Systeme im Gesundheitswesen
- **2019**: Umbenennung der gematik mbH in **gematik GmbH** und Abkehr vom Fokus auf die eGK hin zur Sicherstellung der Digitalisierung im Gesundheitswesen durch die TI.
  → Gesellschafter: Bundesministerium für Gesundheit (BMG), Bundesärztekammer (BÄK), Bundeszahnärztekammer (BZÄK), Deutscher Apothekerverband (DAV), Deutsche Krankenhausgesellschaft (DKG), Spitzenverband der Gesetzlichen Krankenversicherungen (GKV-SV), Kassenärztliche Bundesvereinigung (KBV), Kassenzahnärztliche Bundesvereinigung (KZBV) und der Verband der Privaten Krankenversicherung (PKV) [9]
- **2019/2020**:
  – Das **Digitale-Versorgung-Gesetz (DVG**, „Gesetz für eine bessere Versorgung durch Digitalisierung und Innovation") tritt am 19.12.2019 in Kraft
  – Am 20.10.2020 tritt das **Patientendaten-Schutz-Gesetz (PDSG**, „Gesetz zum Schutz elektronischer Patientendaten in der Telematikinfrastruktur") in Kraft:
    → Regelung der Nutzung digitaler Angebote in der Gesundheitsversorgung durch Patienten (z. B. ePA, elektronisches Rezept, sog. E-Rezept) und von gesetzlichen Vorgaben zum Schutz von Patientendaten und Haftungsfragen

Besonders hervorzuheben ist das eingangs erwähnte DVG, das wesentlich auf der folgenden Erkenntnis beruht: „[…] Unter den derzeitigen rechtlichen Rahmenbedingungen ist das deutsche Gesundheitssystem bei der Implementierung digitaler Lösungen und neuer innovativer Formen der Zusammenarbeit jedoch nur eingeschränkt adaptiv und agil […]" [10]. Nun soll das DVG digitale Gesundheitsanwendungen in die Versorgung integrieren.

HINTERGRUNDWISSEN

Das **DVG** und insbesondere das PDSG, im Zusammenwirken mit anderen gesetzlichen Entwicklungen, ist als Basis für die Beschleunigung u. a. folgender bedeutender **Meilensteine** zu sehen:

- **Ab 1.1.2021 Einführung der ePA:**
  – Alle in Deutschland gesetzlich versicherten Personen haben Anspruch auf eine ePA und darauf, dass ihre Patienten- bzw. medizinischen Daten von den behandelnden Ärzten in die ePA eingetragen werden.
  – Krankenkassen sind gesetzlich verpflichtet, die Möglichkeit einer ePA anzubieten.

- **Ab dem 1.1.2022:** Das **E-Rezept** wird **verpflichtend** vorgegeben (gesetzlich geregelte Ausnahmefällen in § 360 Sozialgesetzbuch Fünftes Buch [SGB V], z. B. „(…) wenn die Ausstellung von Verordnungen von verschreibungspflichtigen Arzneimitteln in elektronischer Form technisch nicht möglich ist oder die zur Übermittlung von Verordnungen von verschreibungspflichtigen Arzneimitteln erforderlichen Dienste und Komponenten (…) technisch nicht zur Verfügung stehen" → Bereitstellung der erforderlichen App, damit Patienten E-Rezepte auf ihr Smartphone laden und in der Apotheke einlösen können. Die Zustimmungsraten seitens der deutschen Bevölkerung zum E-Rezept liegen im Schnitt bei 66 % [2].
- **Anspruch der Versicherten** auf digitale Gesundheitsanwendungen bzw. Gesundheits-Apps. Ärzte können digitale Gesundheitsanwendungen ab jetzt verschreiben und auch Apps rezeptieren. 59 % der Befragten stehen der Nutzung solcher Apps aufgeschlossen gegenüber, und dies über alle Altersgruppen hinweg [2].
- **Erleichterte Zugangsbedingungen** für Hersteller von Apps zum Markt.
  – Mai 2020: Start des Antragsportals für die Aufnahme in das Verzeichnis der Digitalen Gesundheitsanwendungen (**DiGA**) beim Bundesinstitut für Arzneimittel und Medizinprodukte (BfArM).
  – Vorausgehen muss eine Überprüfung der jeweiligen App durch das BfArM, vor allem hinsichtlich Datenschutz, Qualität, Funktion und Sicherheit.
- Der Einsatz von Telemedizin wird durch die Schaffung einer geeigneten TI verstärkt gefördert. Deren Nutzung wird für die verschiedenen Leistungserbringer wie u. a. Apotheken, Krankenhäuser, Ärzte verpflichtend.
- Der **Innovationsfonds**, der sektorenübergreifende Versorgungsprojekte und die Versorgungsforschung fördert, wird mit jährlich 200 Mio. Euro pro Jahr bis 2024 verlängert und weiterentwickelt.

Insbesondere die Einführung der ePA bzw. der elektronischen Gesundheitsakte (eGA oder ELGA) ist und wird zwischen den verschiedensten Stakeholdern intensiv diskutiert. Eine wichtige Rolle für den Erfolg der ePA kommt dabei dem 2020 beschlossenen **PDSG** zu.

HINTERGRUNDWISSEN

- Gemäß PDSG soll im Rahmen der ePA die **Datenhoheit beim Versicherten** liegen und dieser eigenverantwortlich über die Verwendung seiner Gesundheitsdaten entscheiden können. Ausschließlich der Versicherte bestimmt, welche Daten gespeichert oder gelöscht werden und wer, außer ihm, in jedem Einzelfall auf die ePA zugreifen kann.
- Der Versicherte kann **freiwillig** entscheiden, ob er eine **ePA** angelegt haben möchte oder nicht.
- Auf der ePA soll sukzessive ein Großteil der Gesundheitsdaten des Versicherten gespeichert werden, neben Diagnosen, Röntgenbildern und Medikationsplänen z. B. ab 2022 der Impfausweis, der Mutterpass und das Zahn-Bonusheft.
- Ab 2022 soll es für den Versicherten mittels Smartphone oder Tablet möglich sein, für jedes in der ePA gespeicherte Dokument einzeln zu bestimmen, wer darauf zugreifen kann. Somit kann er festlegen, dass zwar einem Arzt Zugriff auf die ePA gewährt wird, diesem aber gewisse Befunde nicht angezeigt werden sollen.
- Im Rahmen des PDSG wurde die Rechtsgrundlage für eine **freiwillige, pseudonymisierte und verschlüsselte Datenspende** der Versicherten aus der ePA an die medizinische Forschung ab 2023 geschaffen. Die **Nutzbarkeit von Gesundheitsdaten für Forschungszwecke** soll dadurch verbessert werden.

Seitens des Bundesbeauftragten für den Datenschutz und die Informationsfreiheit wurden während des Gesetzgebungsverfahrens zum PDSG die darin enthaltenen Regelungen im Zusammenhang mit der ePA als rechtswidrig eingestuft [11]. Der Umgang mit den Daten, Aspekten des Datenschutzes und der Datensicherheit im Zusammenhang mit der DSGVO spielen dabei eine besondere Rolle.

Daten sind ein wesentliches Element und unerlässlich für eine Vielzahl von disruptiven Technologien wie u. a. KI und Big Data. Etliche der Big Techs bauen darauf bereits ihre Geschäftsmodelle auf (> Kap. 5.2). Geplant ist, dass auch die aus Apps oder Fitness-Trackern gesammelten Daten auf der ePA abgelegt werden können. Dafür fehlt es bislang aber noch an den nötigen technischen Voraussetzungen. Zudem müssen die Daten aus der Datenspende strukturiert vorliegen und nicht als z. B. wahllose Ansammlung von PDFs, mit denen nicht zweckorientiert gearbeitet werden kann.

HINTERGRUNDWISSEN

Kritisiert am PDSG – und damit der ePA – wurden u. a. folgende Aspekte:
- Die komplette **Hoheit über die eigenen Daten** sei nicht ausreichend gewährleistet. Insbesondere seien 2021 keine Steuerung und **kein selektives Zugriffsrecht** auf Ebene der einzelnen darauf gespeicherten Dokumente vorgesehen (Welche Beteiligte können welche Informationen einsehen?). Denn erst ab 2022 sind eine derartige dokumentengenaue Kontrolle und Steuerung auf Dokumentenebene in der Form geplant, dass Nutzende von geeigneten Endgeräten wie Mobiltelefonen oder Tablets einen datenschutzrechtlich ausreichenden Zugriff auf ihre eigene ePA haben.
- **Jede Person**, der die Versicherten die Möglichkeit zur Einsicht in ihre ePA gewähren, könne somit insbesondere im Anfangsjahr 2021 alle dort enthaltenen Informationen **einsehen**.
- Die Nutzung der ePA geht mit einer **starken Begrenzung der Wahlfreiheit** des Versicherten einher. So ist z. B. bislang der Wechsel zur ePA eines privaten Anbieters nicht möglich. Wer eine andere ePA als die seines Versicherers wünscht, muss dafür die Krankenkasse wechseln.
- Die **Freigabe der Gesundheits- und Behandlungsdaten** gilt bislang **nur für die nichtkommerzielle öffentliche Forschung** und nicht für z. B. F & E der privaten Gesundheitswirtschaft bzw. Industrie.

Gemäß einer 2020 durchgeführten Umfrage steht die **Mehrheit der Deutschen**, namentlich **73 %,** allerdings der **ePA** aufgeschlossen gegenüber und will diese auch **nutzen** (> Abb. 2.4) [2].

In der Bevölkerung ist die Bereitschaft zur **Datenspende** auch an **Privatunternehmen** groß. Jeder Zweite (**47 %**) wäre bereit, ihnen seine Daten zur Verfügung zu stellen, unabhängig davon, ob er daraus persönliche Vorteile ziehen kann. **83 %** der 1.193 Befragten über 16 Jahren würden ihre Daten der **Industrie** überlassen, wenn sie so in den Genuss einer besseren Behandlung kämen. Und 76 % würden ihre Daten spenden, wenn sie genau wüssten, zur Erforschung welchen Leidens ihre Daten eingesetzt würden. Im Falle sog. seltener Krankheiten würden **48 %** ihre Daten der **privaten Forschung** spenden, wenn sie damit anderen Patienten mit der gleichen Diagnose helfen könnten [12]. Interessant wird hierzu die Beobachtung der weiteren Entwicklungen sowohl national als auch weltweit mit Bezug auf jene Länder sein, die bereits die ePA anwenden. Erwähnt werden sollte, dass die ePA im internationalen Kontext unterschiedlich bezeichnet wird, z. B. im Englischen als „Electronic Medical Record" (EMR), „Electronic Patient Record" (EPR), „Electronic Health Record" (EHR), „Personal Electronic Health Record" (PHR) oder „Personally Controlled Health Record" (PCHR).

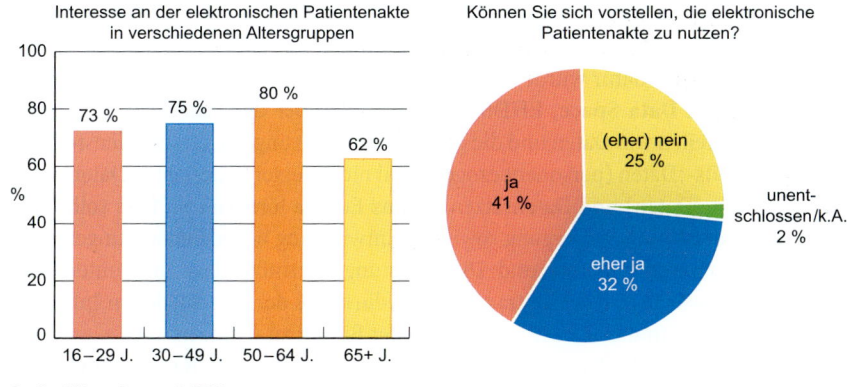

Quelle: Bitkom Research 2020

Abb. 2.4 Interesse der Bürger an der Nutzung der ePA (k. A. = keine Angaben) [L143, W1144]

HINTERGRUNDWISSEN

Das Inkrafttreten der weiter oben genannten Gesetze und der damit zusammenhängenden gesetz-lichen Beschlüsse geht eng mit folgenden **Neuerungen** einher:
- Im Rahmen der **Kostenerstattung** soll es für Ärzte zukünftig **attraktiver** werden, einen Arztbrief elektronisch zu übermitteln anstatt durch Fax o.Ä.
- Krankenkassen werden verpflichtet, ihren Versicherten **Angebote zur gleichberechtigten Teilhabe an der Digitalisierung** zu unterbreiten, um den Umgang mit Gesundheits-Apps, ePA o.Ä. zu lernen (vgl. auch These 8 in ➤ Kap. 5.1.8).
- Die **Vereinfachung der Verwaltungsprozesse** und die **Vernetzung des Gesund-heitswesens** sollen für einen **schnelleren und leichteren Datenaustausch** ohne Insellösungen und Doppelerfassungen sorgen.

Grundsätzlich kann die ePA unter Berücksichtigung der vorab genannten Punkte nur dann einen realen Mehrwert für alle Beteiligten entfalten, wenn ihre Anwendung nicht isoliert, sondern in das Gesamtsystem des Gesundheitswesens eingebettet erfolgt. Das bedeutet, dass sie z.B. mit Versorgungs-, Beratungs- und Serviceangeboten von Kran-kenversicherungen, Ärzten, Apotheken, Krankenhäusern, Pflegeorganisationen etc. eng abgestimmt und mit anderen digitalen Gesundheitsanwendungen verknüpft sein muss.

2.3.2 Europäische Union: European Health Data Space, digitaler Binnenmarkt, GAIA-X, Hyperscaler und Künstliche-Intelligenz-Strategie

Ein Schwerpunkt der Europäischen Union (EU) im Bereich der digitalen Transformation betrifft die **Europäische Datenstrategie** und konzentriert sich u. a. auf die Sammlung von Gesundheitsdaten zur Förderung von Forschung, Krankheitsprävention sowie personali-sierter Gesundheitsversorgung und Pflege [13]. Diese Priorisierung soll gewährleisten, dass Daten aus den Praxen von Angehörigen der Gesundheitsberufe, von Behörden und aus der Industrie ausreichend genutzt werden können, um so sicherzustellen, dass neue und innovative Technologien (u. a. KI und Blockchain) zu beispielsweise verbesserten Vorhersagen von Krankheitsausbrüchen, zu einer schnelleren Diagnose und wirksameren

Therapie beitragen. Auf diese Weise will man die Gesundheitsergebnisse verbessern und den Bedürfnissen der Patienten Rechnung tragen.

Als eine Grundlage dafür wurde der sog. **Europäische Gesundheitsdatenraum** (engl. **European Health Data Space, EHDS**) vorgeschlagen, der den datenschutzkonformen Austausch, das Teilen von Daten und die gemeinsame Nutzung der verschiedensten Arten von (Gesundheits-)Daten (personenbezogene und nicht personenbezogene Daten, öffentliche und private Daten) und Datensätzen in ganz Europa fördern soll. Dies soll u. a. die Bereitstellung der Primärversorgung sowie die Entwicklung neuer Behandlungen, Medikamente, medizinischer Geräte und Dienstleistungen ermöglichen und unterstützen. Darüber hinaus würde es dazu beitragen, die Bedürfnisse der verschiedenen Interessengruppen zu erfüllen und gleichzeitig die Daten der Bürger zu schützen.

Der EHDS war einer der Themenschwerpunkte der **deutschen EU-Ratspräsidentschaft** im zweiten Halbjahr 2020. Wesentliche Punkte betreffen das Erschließen von Daten öffentlicher Stellen, die Art und Weise der Verwendung von Daten, die freiwillig für die Allgemeinheit zur Verfügung gestellt werden, die Schaffung gemeinsamer Standards und die Senkung von Kosten für das gegenseitige Teilen von Daten sowie die Gestaltung der technischen Infrastruktur und Qualitätsspezifikationen für den sicheren Zugang und den grenzüberschreitenden Austausch von genomischen und anderen Gesundheitsdatensätzen in der Europäischen Union. Die Ausarbeitung effektiver administrativer Abläufe, EU-weiter Zertifizierungen, Standards und Normen gehört ebenfalls dazu. Der **europäischen Datenschutz-Grundverordnung (EU-DSGVO)** kommt hierbei eine wichtige Rolle zu, da sie als verbindlich geltende Regelung die Basis für den rechtskonformen Umgang mit Daten legt.

Weiterhin ist in diesem Zusammenhang das im Oktober 2019 vorgestellte Cloud-Projekt **„GAIA-X"** zur Schaffung einer souveränen digitalen europäischen Dateninfrastruktur und Implementierung des Standorts **Europa als digitalen Binnenmarkt** zu nennen. Im Vordergrund stehen dabei die Übertragbarkeit und Interoperabilität von Daten, Diensten und Infrastruktur zur Entwicklung neuer Dienste und Anwendungen, die auf Daten basieren. Das Projekt mit seinen 22 Gründungsmitgliedern (u. a. SAP, Bosch, die Deutsche Telekom und die Fraunhofer-Gesellschaft) sowie den mehr als 300 beteiligten Unternehmen und Organisationen, wie z. B. dem Bundesverband der deutschen Industrie (BDI), basiert auf den Grundsätzen der Datenverfügbarkeit, der Transparenz und der fairen Teilhabe; das Projekt versteht sich bislang nicht als direkter Wettbewerber zu den sog. Hyperscalern, d. h. den großen Cloud-Anbietern wie *Amazon, Microsoft* und *Google*. Besonders hervorzuheben ist, dass dabei dem Bereich des Gesundheitswesens eine entscheidende Rolle beigemessen wird: Aus den bislang knapp 40 Anwendungsfällen für 8 verschiedene Industriebereiche entfallen 18 auf die unterschiedlichsten Gesundheitsbereiche [14].

Vor dem Hintergrund eines starken globalen digitalen Wettbewerbs sowie eines EHDS setzt die EU auf verschiedene Ansätze z. B. im Bereich Daten und Digital Health (➤ Abb. 2.5) und politische Strategien, wie u. a. die 2018 vorgestellte **Europäische Strategie für KI** [15]. Eng damit verbunden ist die Anfang 2020 seitens der Europäischen Kommission erläuterte Europäische Datenstrategie [16]. Grundgedanke dabei ist, dass die EU als Einheit handeln und auf der Grundlage europäischer Werte ihren eigenen Weg definieren muss, um den Chancen und Herausforderungen von KI gerecht zu werden und deren Entwicklung und Einführung zu fördern. Die Priorisierung der KI wurde im **„Weißbuch zur Künstlichen Intelligenz"** 2020 nochmals betont [17]. EU-Kommissionspräsidentin Ursula von der Leyen kündigte in diesem Zusammenhang kürzlich in ihren politischen

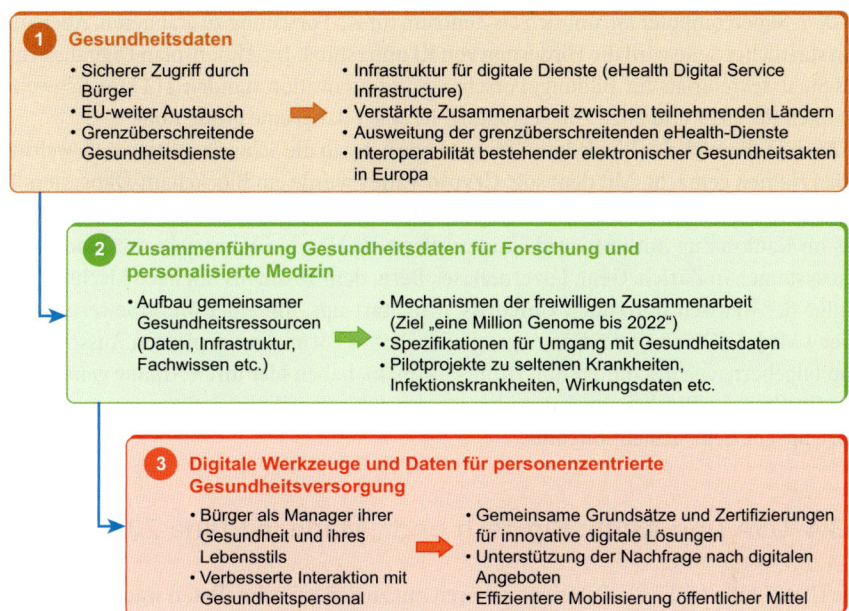

Abb. 2.5 Ansatz der Europäischen Kommission für Daten und Digital Health [L143]

Leitlinien einen koordinierten europäischen Ansatz zu den menschlichen und ethischen Auswirkungen der KI sowie eine Reflexion über die bessere Nutzung großer Datenmengen für Innovationen an [18]. Die Kommission unterstützt dabei einen regulatorischen und investitionsorientierten Ansatz mit dem doppelten Ziel, die Verbreitung von KI zu fördern und die mit bestimmten Anwendungen dieser neuen Technologie verbundenen Risiken anzugehen – all dies unter Einbindung der **europäischen Grundprinzipien** von Offenheit, Fairness, Vielfalt, Demokratie und Vertrauen.

2.3.3 Schweiz: Schlüsseltechnologien Künstliche Intelligenz und Blockchain

Auch die Schweiz treibt KI-Entwicklungen, insbesondere im Gesundheitswesen, voran. Die traditionelle Stärke im Bereich Life Sciences spiegelt sich in den **KI-Patenten** wieder. Im Verhältnis zur Einwohnerzahl hat das Land weltweit die höchste Anzahl an KI-Patenten aufzuweisen [19]. Hinzu kommt die Nähe zu Forschung, Universitäten und Forschungsinstituten im Bereich KI, was dafür sorgt, dass große Tech-Giganten wie *Google, Microsoft* oder *IBM* ihre KI-Forschung u. a. von der Schweiz aus betreiben.

Bereits 1956 wurde mit dem IBM Research Laboratory das erste Labor von IBM außerhalb der USA gegründet, das sich heute intensiv mit KI beschäftigt. 1988 folgte das Dalle Molle Institute for Artificial Intelligence (IDSIA), das u. a. Algorithmen entwickelte, die von *Apple, Google* oder *Facebook* für Spracherkennung verwendet werden. Google eröffnete 2008 in Zürich das **größte Forschungszentrum außerhalb der USA**, und Microsoft gründete vor einigen Jahren ebenfalls in Zürich ein Labor für KI und MR. Auch universitär wird in KI investiert. So schaffte sich z. B. die Universität St. Gallen (HSG) 2018 einen NVIDIA

2

DGX-2-Supercomputer an, um sich als Zentrum für KI-Forschung zu etablieren. Aber auch von staatlicher Seite wird die Förderung von KI unterstützt. Im Aktionsplan Digitalisierung des Staatssekretariats für Bildung, Forschung und Innovation standen 213 Mio. Schweizer Franken für 2019 und 2020 zur Verfügung. KI spielt dabei eine große Rolle.

Auch im Bereich der Blockchain-Technologie hat sich die Schweiz mittlerweile weltweit einen Namen gemacht. Mit dem sog. **Crypto Valley** wurde ein Blockchain-Ökosystem im Sinne einer Infrastruktur bzw. eines Netzwerks aus verschiedenen Akteuren geschaffen, das im Kanton Zug initiiert wurde und mittlerweile Hand in Hand geht mit Blockchain-Ökosystemen in Zürich, Genf, Luzern, Basel, Bern, dem Tessin bis hin nach Liechtenstein. Einige der weltweit führenden **Unicorns**, d. h. Start-ups, mit einer Marktbewertung von über 1 Mrd. USD vor einem Börsengang oder Exit in Form eines geplanten Ausstiegs von Kapitalgebern, wie u. a. Ethereum, Dfinity, Bitmain, haben hier ihren Anfang genommen. Der Großteil der Blockchain-Anwendungen der dahinterstehenden Firmen, vornehmlich Start-ups, bezieht sich auf Bitcoins.

2.3.4 USA und Asien: Big Tech und „Made in China 2025"

Die USA, China und Teile Ostasiens gehören mit zu den am **schnellsten wachsenden und innovativsten Zentren** für die Bildung digitaler Gesundheitsökosysteme und die Förderung der digitalen Gesundheit. Digitale Technologien verändern die dortigen Gesundheits- und Gesellschaftssysteme mit hoher Geschwindigkeit und dem vorrangigen Ziel, Wirtschaftlichkeit, Gesundheitsergebnisse sowie Pflegeerfahrungen zu verbessern und die damit einhergehenden Kosten zu senken.

HINTERGRUNDWISSEN

Die Grundlage in den USA und Asien bilden:
- eine generelle **Technikbegeisterung** der Bevölkerung,
- umfassende **staatliche Hightech- und Innovationsstrategien**,
- die Schaffung von **Start-up-freundlichen Ökosystemen** mit Inkubatoren, die Unternehmen auf deren Weg der Existenzgründung unterstützen, Akzeleratoren, in Form von Beschleunigern für vielversprechende Geschäftsmodelle durch Förderprogramme etc., und Maker Spaces, d.h. einer Art kreativer Co-Working-Orte mit entsprechender (technischer) Ausstattung, an denen daran gearbeitet wird, Ideen und Konzepte von der Theorie in die Praxis umzusetzen,
- große Mengen an **Risikokapital** (sog. Venture Capital), die insbesondere Start-ups das erforderliche finanzielle Polster gewährleisten,
- **Chinas** Bereitstellung von **Risikokapital**, die in hohem Maße auch durch **staatliche** und nicht allein durch private Risikokapitalgeber erfolgt,
- das Vorhandensein der **Big-Tech-Giganten** (GAFAM, BAT, ➤ Kap. 5.2) und **Start-ups** mit ihren zahlreichen **Tech-Talenten** und ihrer **Risikobereitschaft**.

So wurde vonseiten der Politik in **China** das strategische Potenzial wichtiger Industriebereiche wie z. B. KI, Big Data, Robotik und Biotechnologie und moderner Informations- und Kommunikationstechnologie (IKT) frühzeitig erkannt und deren Innovationsprogramm explizit darauf ausgerichtet. Bereits 1988 wurde das **Torch-Programm** („Fackelprogramm") des Ministeriums für Wissenschaft und Technologie (MoST) gestartet. Seitdem entstanden landesweit mehr als 156 Hightech-Zonen. Die dort angesiedelten Firmen erhielten 46 % aller nationalen Erfindungspatente, knapp 45 % an Unternehmensinvestitionen in Forschung und Entwicklung (F & E) wurden 2017 innerhalb dieser Zonen getätigt und für den Großteil der zehn strategischen Bereiche, die im Modernisierungs-programm **„Made in China 2025"** genannt sind, insbesondere KI, Robotik oder Big Data, gibt es spezielle Industrieförderpolitiken [20].

HINTERGRUNDWISSEN
- **48 %** des **weltweit** in **KI** investierten **Risikokapitals** flossen **2017** nach **China**, 38 % in die USA [20].
- Bereits **2017** erfolgten in **China mehr Patentanmeldungen** für **KI** und **Blockchain** als in den USA.
- Das Pendant zum US-amerikanischen Silicon Valley ist der chinesische Hightech-Park Zhonguancun in Beijing.

Die weitverbreitete Einführung von Smartphones, Wearables und Tablet-Computern, die Verfügbarkeit kostengünstiger Sensoren, die eine Fernüberwachung von Patienten ermöglichen, die stetige Weiterentwicklung vernetzter Gesundheitstechnologien, darunter Social-Media-Plattformen und digitale Tools für virtuelle Arztbesuche, Praxis- und andere Interaktionen, schaffen neue Versorgungsmodelle. Dies ermöglicht es einerseits den Patienten, die Versorgung auf möglichst bequeme und kostengünstige Weise zu erhalten, und andererseits den Gesundheitsdienstleistern, ihre Entscheidungsfindungsprozesse zu verbessern, Leistungen schneller anzubieten und ihre Kosten zu senken. KI, aber auch Blockchain-Technologien spielen hierbei eine große Rolle.

All dies wird vor allem in den USA, China und weiteren Teilen Asiens wie u. a. Taiwan und Südkorea bereits in wesentlich **größerem Ausmaß als in Europa genutzt** und von der **Bevölkerung aktiv** angenommen. So erfreuen sich in diesen Ländern z. B. lebens-stil- und gesundheitsdatengesteuerte interaktive Krankenversicherungspläne zunehmen-der Beliebtheit, da sie es privaten Versicherungsgesellschaften ermöglichen, die Prämien durch die Festsetzung von Gesundheitsrisiko- und Belohnungsprogrammen zu persona-lisieren. Dies impliziert neue Möglichkeiten für Wearables, mobile Anwendungen und Aggregatoren von Gesundheitsdaten, um u. a. mit privaten Versicherungsteilnehmern und Gesundheitsprogrammen von Arbeitgebern zusammenzuarbeiten. Dabei werden insbesondere kundenorientierte Programme gefördert, die Anreize für die Einhaltung gesunder Gewohnheiten und Lebensweisen schaffen (vgl. These 3 in ➤ Kap. 5.1.3). Dies resultiert u. a. in Richtlinienänderungen in Bezug auf die Kostenerstattung für digitale Gesundheits- und Wellbeing-Technologien und bietet mehr Flexibilität für neu entste-hende, digital geführte Versicherungsmodelle.

In den **USA** haben Aufsichtsbehörden wie die U.S. Food and Drug Administration (FDA) ebenfalls **Aktionspläne für digitale Gesundheitsinnovationen** vorgestellt, um sicherzustellen, dass Patienten und Kunden Zugang zu qualitativ hochwertigen, sicheren und effektiven digitalen Gesundheitsinstrumenten erhalten. Digitale Fortschritte sind des Weiteren zunehmend im Bereich der auf AR basierenden chirurgischen Planung und Navigation zu sehen. Einige Unternehmen haben hierfür bereits die FDA-Zulassung erhalten, und es wird erwartet, dass sich dieser Bereich stetig weiterentwickelt und große Wachstumschancen bietet.

Auch in den USA ist COVID-19 zu einem wichtigen Katalysator für die digitale Trans-formation geworden. Nachdem die Zahl der telemedizinischen virtuellen Besuche im April 2020 im Vergleich zum März 2020 um **3700 %** in die Höhe geschnellt ist, nutzt z. B.

das *University of Pittsburgh Medical Center (UPMC)* nun KI, um Patienten dabei zu unterstützen, die während dieser virtuellen Besuche angebotene ärztliche Beratung fortzusetzen und richtig anzuwenden [21].

Der digitale Fortschritt im Gesundheitswesen dieser Länder schafft eine ausbaufähige Basis für die Entwicklung personalisierter und integrierter digitaler Gesundheits- und Sozialfürsorge-Ökosysteme (vgl. These 4 in ➤ Kap. 5.1.4 und These 12 in ➤ Kap. 5.1.12). Die Auswirkungen der digitalen Technologie und insbesondere der durch KI vorangetriebenen Veränderungen werden dort noch weiter erheblich zunehmen. Technologiegiganten wie *Google* und *Amazon*, *Alibaba* u. a. befinden sich in einem **Billionen-Dollar-Kampf**, um Marktanteile zu erobern und den Anteil und das Engagement der Verbraucher zu erhalten (➤ Kap. 5.2). Infolgedessen investieren sie Milliarden von Dollars in die F & E ihrer Plattformen, um Dienste zu schaffen, die darauf ausgerichtet sind, von Benutzern weltweit und für verschiedenste Anwendungen (z. B. Vorhersage-Analysen) leicht nutzbar zu sein und die Innovation zu beschleunigen.

China, Teile Ostasiens und die **USA** entfalten auch in der **Blockchain-Technologie** eine große Dynamik und schreiten mit **hoher Geschwindigkeit** voran. Auf allen Ebenen der chinesischen Gesellschaft werden z. B. bereits blockchainbasierte Plattformen eingesetzt und die Entwicklung und Einführung von Blockchain stark vorangetrieben. Es ist offensichtlich, dass die Blockchain-Technologie bereits jetzt und eindeutig für das nächste Jahrzehnt zu Chinas Hauptprioritäten zählt. Auch in den USA finden sich zahlreiche Beispiele für Blockchain-Netzwerke im Gesundheitswesen, an denen vom großen Technologie- und Pharmakonzern bis hin zu Start-ups und Behörden alle involviert sind und an der Entwicklung dieser Plattformen arbeiten (➤ Kap. 4.3, ➤ Kap. 4.4).

Europäische Staaten sind bislang nur vereinzelt in der Anwendung von Blockchains aktiv (➤ Kap. 4.3.1, Estland), was sich u. a. an den **Patentanmeldungen** ablesen lässt. Mit großem Abstand führend (Stand 2018) sind hier **China (790)** und die **USA (762)** vor Südkorea (161), Australien (136), Kanada (67), Großbritannien (36) sowie Frankreich und Deutschland mit jeweils zwei Patentanmeldungen [22].

Fazit

- **KI** und **Blockchain** wird insbesondere von den **USA, China** und **Teilen Asiens** eine besondere **strategische** Bedeutung für die **Zukunfts- und Wettbewerbsfähigkeit** ihres eigenen Landes beigemessen, weshalb daher Entwicklungen hierzu seit Jahrzehnten **intensiv gefördert** werden.
- Im Bereich KI und Blockchain ist **Europa** im Wettbewerb mit den USA und Asien bislang abgeschlagen und hat **dringenden Handlungsbedarf**, um international aufzuholen.

QUELLEN

[1]   WHO Guideline, Recommendations on Digital Interventions for Health System Strengthening, Executive Summary 2019, S. i, www.who.int/reproductivehealth/publications/digital-interventions-health-system-strengthening/en/ (letzter Zugriff: 9.11.2020).

[2]   Bitkom e. V., Pressemitteilung vom 9.7.2020, www.bitkom.org/Presse/Presseinformation/Deutschlands-Patienten-fordern-mehr-digitale-Gesundheitsangebote (letzter Zugriff: 9.11.2020).

[3]   Stiftung Gesundheit und Health Innovation Hub (hih), Studie „Ärzte im Zukunftsmarkt Gesundheit 2020", 2020, S. 6, S. 18 f., www.stiftung-gesundheit.de/pdf/studien/aerzte-im-zukunftsmarkt-gesundheit_2020.pdf (letzter Zugriff: 9.11.2020).

[4]   Kassenärztliche Bundesvereinigung und Forschungsgruppe Wahlen Telefonfeld GmbH, Versichertenbefragung, Pressemitteilung vom 29.7.2020, www.kbv.de/html/2020_47303.php (letzter Zugriff: 9.11.2020).

[5] BARMER, Pressemitteilung vom 10.7.2020, www.barmer.de/presse/presseinformationen/
pressemitteilungen/barmer-umfrage-zu-gesundheits-apps- - -aerzte-stehen-digitalen-helfern-
offen-gegenueber-247444 (letzter Zugriff: 9.11.2020).

[6] Bundesverband Managed Care e. V., McKinsey, „Digitalisierung im Gesundheitswesen:
die Chancen für Deutschland", 2018, S. 2, www.mckinsey.de/~/media/mckinsey/locations/
europe%20and%20middle%20east/deutschland/news/presse/2018/2018-09-25-
digitalisierung%20im%20gesundheitswesen/langfassung%20digitalisierung%20im%20
gesundheitswesen__neu.ashx (letzter Zugriff: 9.11.2020).

[7] Bertelsmann Stiftung, Studie „Digitale Gesundheit: Deutschland hinkt hinterher", 29.11.2018,
www.bertelsmann-stiftung.de/de/themen/aktuelle-meldungen/2018/november/digitale-
gesundheit-deutschland-hinkt-hinterher/, (letzter Zugriff: 9.11.2020).

[8] Bundesministerium für Gesundheit (BMG), www.bundesgesundheitsministerium.de/service/
begriffe-von-a-z/e/e-health-gesetz.html (letzter Zugriff: 9.11.2020).

[9] gematik, Gesellschafter und Gremien, www.gematik.de/ueber-uns/unternehmensstruktur/
(letzter Zugriff: 9.11.2020).

[10] Gesetzentwurf der Bundesregierung, Entwurf eines Gesetzes für eine bessere Versorgung
durch Digitalisierung und Innovation (Digitale-Versorgung-Gesetz – DVG), Drucksache 360/19,
9.8.2019, S. 1, www.bundesrat.de/SharedDocs/drucksachen/2019/0301-0400/360-19.pdf?__
blob=publicationFile&v=1 (letzter Zugriff: 9.11.2020)

[11] Der Bundesbeauftragte für den Datenschutz und die Informationsfreiheit, BfDI, Pressemitteilung
vom 19.8.2020, www.bfdi.bund.de/DE/Infothek/Pressemitteilungen/2020/20_BfDI-zu-PDSG.
html (letzter Zugriff: 9.11.2020).

[12] Bitkom e. V. Pressemitteilung vom 3.7.2020, www.bitkom.org/Presse/Presseinformation/Grosse-
Offenheit-fuer-Spende-von-Patientendaten (letzter Zugriff: 9.11.2020).

[13] Europäische Kommission, Mitteilung der Kommission an das Europäische Parlament, den Rat, den
europäischen Wirtschafts- und Sozialausschuss und den Ausschuss der Regionen, „Gestaltung
der digitalen Zukunft Europas", 19.2.2020, S. 14, https://op.europa.eu/en/publication-detail/-/
publication/db95106e-53ca-11ea-aece-01aa75ed71a1/language-de (letzter Zugriff: 9.11.2020).

[14] Bundesministerium für Wirtschaft und Energie (BMWi), „Gaia-X" – Eine vernetzte
Dateninfrastruktur für ein europäisches digitales Ökosystem", www.bmwi.de/Redaktion/DE/
Dossier/gaia-x.html (letzter Zugriff: 9.11.2020).

[15] Europäische Kommission, Pressemitteilung vom 25.4.2018, „Artificial Intelligence: Commission
outlines a European approach to boost investment and set ethical guidelines", https://
ec.europa.eu/commission/presscorner/detail/en/IP_18_3362 (letzter Zugriff: 9.11.2020).

[16] Europäische Kommission, Mitteilung der Kommission an das Europäische Parlament, den Rat,
den europäischen Wirtschafts- und Sozialausschuss und den Ausschuss der Regionen, „Eine
europäische Datenstrategie", 19.2.2020; https://op.europa.eu/en/publication-detail/-/publication/
ac9cd214-53c6-11ea-aece-01aa75ed71a1/language-de/format-PDF (letzter Zugriff: 9.11.2020).

[17] Europäische Kommission, Weißbuch zur Künstlichen Intelligenz – ein europäisches Konzept
für Exzellenz und Vertrauen", 19.2.2020, https://ec.europa.eu/info/sites/info/files/commission-
white-paper-artificial-intelligence-feb2020_de.pdf (letzter Zugriff: 9.11.2020).

[18] von der Leyen U. „A Union that strives for more: My agenda for Europe", Political guidelines
for the next European Commission 2019–2024, S. 13, https://ec.europa.eu/info/sites/info/files/
political-guidelines-next-commission_en_0.pdf (letzter Zugriff: 9.11.2020).

[19] Switzerland Global Enterprise, „Die Schweiz – Ein Hub für Künstliche Intelligenz (KI)", Juli
2019, S. 1, www.s-ge.com/sites/default/files/publication/free/factsheet-kuenstliche-intelligenz-
schweiz-s-ge-de-2019.pdf (letzter Zugriff: 9.11.2020).

[20] Germany Trade & Invest (GTAI), „Chinesischer Staat bereitet Nährboden für Tech-Start-ups",
2020, S. 1, www.gtai.de/gtai-de/trade/specials/chinesischer-staat-bereitet-naehrboden-fuer-
tech-start-ups-58490.pdf (letzter Zugriff: 9.11.2020).

[21] University of Pittsburgh Medical Center (UPMC), „New App helps patients capture telehealth
visits", Pressemitteilung vom 20.5.2020; www.upmc.com/media/news/052020-upmc-abridge
(letzter Zugriff: 9.11.2020).

[22] Branchenpublikation Hard Fork, „China ist Blockchain-Patentweltmeister", 15.3.2019, www.
wallstreet-online.de/nachricht/11313040-crypto-report-chinas-blockchain-patentweltmeister
(letzter Zugriff: 9.11.2020).

2

3

Künstliche Intelligenz: Technologie für ein nachhaltiges Gesundheitswesen

„Es ist wichtig, dem digitalen Fortschritt und der Entwicklung der damit unweigerlich einhergehenden Technologien stets einige Schritte voraus zu sein und sie in ihrer Gesamtheit zu verstehen."

Nicole Formica-Schiller

KI verändert schon seit Jahren das Gesundheitswesen weltweit. Dabei spielen insbesondere der Ausbau der KI-Forschung, unterstützende regulatorische Rahmenbedingungen, Wissenstransfer, Datengewinnung und Datennutzung unter Beachtung von Recht und Ethik sowie die angemessene Anwendung und Implementierung von KI eine wesentliche Rolle. Die Fortschritte in der Entwicklung und Anwendung von KI sind dabei weltweit von Land zu Land sehr unterschiedlich.

Der Einsatz von KI im Gesundheitswesen ist mit großen Hoffnungen verbunden, wirft aber auch viele bislang noch unbeantwortete Fragen hinsichtlich Chancen, Risiken sowie wirtschaftlichen und ethischen Aspekten auf. Grundsätzlich ist dabei – wie in jedem anderen Bereich – wichtig zu verinnerlichen, dass KI vorrangig dazu dient, dem Menschen das Leben zu erleichtern und ihn zu unterstützen. Daher bietet KI gerade im Gesundheitswesen eine **Vielzahl von Einsatzmöglichkeiten** (➤ Kap. 3.3). Diese reichen von der Unterstützung bei der Diagnostik durch z.B. die Auswertung einer Vielzahl unterschiedlichster radiologischer Aufnahmen in einem Bruchteil der bisher dafür erforderlichen Zeit über die Spracherkennung bis hin zu virtuellen Arztassistenten. KI wird weltweit eingesetzt, um Patienten dabei zu helfen, ihre eigene Pflege besser zu kontrollieren, um im Rahmen von Chatbots für schnelle Hilfe bei geringfügigeren Beschwerden zu sorgen und in tragbaren Geräten (Wearables, ➤ Kap. 2.1.7, These 9 in ➤ Kap. 5.1.9) Gesundheitsdaten aufzuzeichnen und auszuwerten. In manchen Ländern verwenden Rettungsdienste KI im Zusammenspiel mit akustischen Biomarkern, sprich: gewissen charakteristischen Merkmalen im Stimmklang, um anhand einer Auswertung von Stimme und Atmung des Anrufers am Telefon Rückschlüsse auf einen möglichen nahenden Herzinfarkt o. Ä. bzw. eine mögliche COVID-19-Infektion und somit rechtzeitig Leben retten zu können (➤ Kap. 3.3.2). Interessant ist in diesem Zusammenhang, dass je nach Land das Wissen über KI in der Bevölkerung sehr unterschiedlich ausgeprägt ist (➤ Abb. 3.1).

Aktuell ist zu beobachten, dass das Thema KI, insbesondere in Europa, vermehrt in das Blickfeld der Öffentlichkeit rückt und Interesse besteht, sich damit intensiver auseinanderzusetzen. Denn der Beitrag, den KI im Gesundheitswesen im Allgemeinen und bei u. a. Forschung, klinischer Entscheidungsfindung, medizinischer Ausbildung und Gesundheitsversorgung im Speziellen leisten kann, ist beinahe grenzenlos.

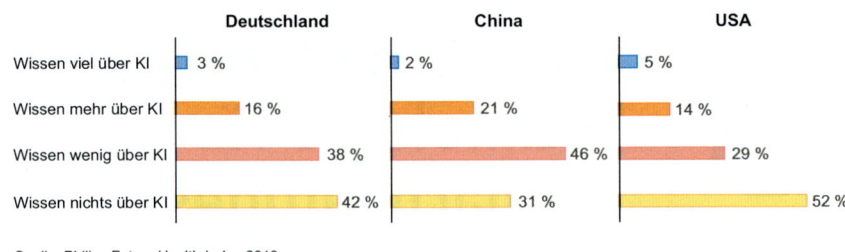

Quelle: Philips Future Health Index 2019

Abb. 3.1 Kenntnisse über KI in der Bevölkerung: ein Ländervergleich [L143, W1143]

3

3.1 Systematik und Grundstruktur

3.1.1 Schwache und starke, reaktive und begrenzte Künstliche Intelligenz, Theory of Mind und Superintelligenz

KI bezieht sich auf Computerprogramme oder Systeme, die etwas tun, was Menschen normalerweise als intelligent ansehen. KI-Technologien können Konzepte und Beziehungen aus Daten extrahieren und von diesen lernen. Zu diesen Technologien gehören u. a. Machine Learning (ML; ➤ Kap. 3.1.3), Deep Learning (DL; ➤ Kap. 3.1.4) und Natural Langage Processing (NLP; ➤ Kap. 3.1.5).

HINTERGRUNDWISSEN
- KI ist im Grunde eine Sammlung verschiedener Methoden, Technologien und Verfahren, die es Maschinen ermöglichen, mit einem **menschenähnlichen Intelligenzniveau** zu agieren.
- Algorithmen bilden dabei das menschliche intelligente Verhalten bzw. menschliche Entscheidungsstrukturen ab bzw. simulieren diese (➤ Kap. 2.1.1).

Fortschritte bei den cloudbasierten Diensten, hohe Rechenleistungen und das Vorhandensein von immer größer werdenden Mengen an Daten treiben die Entwicklung leistungsfähigerer KI-Tools mit hoher Geschwindigkeit voran. KI ist **keine neue Technologie**, sondern wird bereits seit Jahrzehnten entwickelt. Je nach Land ist sie aber erst in den letzten Jahren verstärkt in die öffentliche Wahrnehmung und Diskussion gerückt (➤ Kap. 2.3.2, ➤ Kap. 2.3.3, ➤ Kap. 2.3.4).

HINTERGRUNDWISSEN
- **1945** schlug Vannevar Bush ein System vor, dass das eigene Wissen und Verständnis der Menschen erweitert.
- **1950** schrieb Alan Turing einen Aufsatz über die Vorstellung von Maschinen, die in der Lage sind, Menschen zu simulieren, und über die Fähigkeit verfügen, intelligente Dinge zu tun, wie z. B. Schach zu spielen.
- **1956** wurde der Begriff KI erstmals auf einer akademischen Konferenz von dem Forscher John McCarthy erwähnt, der ihn als eine Art breite Palette von Hard- und Software beschrieb, die ein intelligentes Verhalten zeigten.

Spricht man von KI, so wird hierbei zwischen schwacher und starker KI unterschieden.

3

DEFINITION

Schwache KI

Schwache KI (engl. „Artificial Narrow Intelligence" [ANI] bzw. „Artificial Weak Intelligence" [AWI]) konzentriert sich auf die Lösung konkreter Anwendungsprobleme.

Mittels maschineller Intelligenz werden u. a. anhand von NLP eng umgrenzte, klar definierte Aufgaben bearbeitet. Bei schwacher KI variiert die Herangehensweise an die zu lösende Problemstellung nicht. Stattdessen greift die schwache künstliche Intelligenz auf Methoden zurück, die ihr für die Problemlösung zur Verfügung gestellt werden.

BEISPIEL

Schwache KI ist etwas, mit dem die meisten von uns **tagtäglich** interagieren, z. B. mit *Google Assistant, Google Translate, Siri, Cortana, Alexa* o. Ä. für Bild-, Text- und Spracherkennung, Navigationssysteme, Korrekturvorschläge bei Suchanfragen, personenbezogene Erstellung von Playlists oder Werbung, intelligente Chatbots etc.

Schwache KI imitiert oder repliziert keine menschliche Intelligenz, sondern simuliert menschliches intelligentes Verhalten auf der Grundlage einer begrenzten Anzahl von Parametern und Kontexten.

HINTERGRUNDWISSEN

Bei **schwacher KI** kann es sich handeln um
- eine reaktive KI, z. B.
  - *Google AlphaGo* (➤ Kap. 3.1.3, ➤ Kap. 5.2)
  - *IBM Deep Blue*, das 1996 als erster Schachcomputer den damals amtierenden Schachweltmeister Garri Kimowitsch Kasparow besiegte
- ein System mit einem begrenzten Speicher bzw. Gedächtnis, z. B.
  - virtuelle Assistenten
  - Suchmaschinen, welche die eingegebenen Daten des Benutzers speichern und daraus resultierend zukünftige Suchanfragen personalisiert bearbeiten
  - Chatbots etc.

Reaktive KI ist die einfachste, sozusagen die Basisform der KI. Das zugrunde liegende System hat keinen Speicher bzw. keine Datenspeicherkapazitäten und agiert direkt auf das, was es erkennt. Aktuelle Entscheidungen werden somit nicht durch vorherige Erfahrungen und Erinnerungen beeinflusst.

KI-Systeme mit **begrenztem Speicher** sind weiterentwickelt und mit Datenspeicherungs- und Lernfähigkeiten ausgestattet. Diese ermöglichen es den Maschinen, mittels DL personalisierte KI-Erfahrungen zu schaffen. Dafür werden u. a. frühere Informationen genutzt und vorprogrammierten Strukturen hinzugefügt, um sie für die Entscheidungsfindung zu nutzen.

D E F I N I T I O N

Starke KI (Künstliche Superintelligenz [KSI])

Mit starker KI bzw. KSI (im Engl. unterschiedlich: „Artificial General Intelligence" [AGI], „Artificial Superintelligence" [ASI] oder „True AI") wird versucht, die intellektuellen Fähigkeiten eines Menschen zu erreichen bzw. diese sogar zu übertreffen.

Maschinen mit KSI, die menschliche Intelligenz und/oder menschliche Verhaltensweisen nachahmen, verfügen über die Fähigkeit, zu lernen und ihre Intelligenz zur Lösung beliebiger Probleme einzusetzen, um auf eine Art und Weise zu denken, zu verstehen und zu handeln, die sich in keiner Situation von der eines Menschen unterscheiden lässt (➤ Kap. 5.2.1).

B E I S P I E L

In die Kategorie von starker KI fallen u.a. logisches Denkvermögen, die Fähigkeiten zu planen, in natürlicher Sprache zu kommunizieren, Entscheidungen selbstständig auch bei unsicherer oder komplexer Entscheidungsgrundlage zu treffen etc.

Um den Status von starker KI zu erreichen, müssten Maschinen eine Art Bewusstsein entwickeln, basierend u.a. auf der Programmierung eines vollständigen Satzes kognitiver Fähigkeiten. Maschinen müssten das Erfahrungslernen auf die nächste Stufe heben und nicht nur die Effizienz bei einzelnen Aufgaben verbessern; vielmehr müssten sie auch die Fähigkeit erlangen, Erfahrungswissen auf ein breiteres Spektrum unterschiedlicher Probleme anzuwenden.

H I N T E R G R U N D W I S S E N

Bei **starker KI** unterscheidet man zwischen verschiedenen Theorien:
- die **Theory of Mind (ToM)**, d.h. Systeme mit eigenem Bewusstsein und der Fähigkeit, Bedürfnisse, Emotionen, Überzeugungen, Motive und Denkprozesse anderer intelligenter Entitäten zu erkennen und zu verstehen und darauf aufbauend sozial zu interagieren. Beispiel: „Star Wars" (C-3PO)
- sich „ihrer selbst" bewusste Systeme, sog. **hypothetische KI oder KSI**. Die KI entwickelt sich dahingehend, dass sie menschlichen Emotionen und Erfahrungen so ähnlich ist, dass sie diese nicht nur versteht, sondern eigene Emotionen, Bedürfnisse, Überzeugungen und Wünsche hervorruft, Gefühle anderer vorhersagt, Abstraktionen bildet und Rückschlüsse daraus zieht. Beispiel: „Ex Machina" (Ava)

Bei der Theorie der hypothetischen KI bzw. KSI geht es nicht um Replikation oder Simulation, sondern darum, Maschinen darauf zu trainieren, Menschen wirklich zu verstehen. Abgesehen davon, dass sie die vielschichtige Intelligenz von Menschen nachbildet, wäre diese Form der KI uns theoretisch in allem, was wir tun, überlegen: in Bezug auf Mathematik, Wissenschaft, Sport, Kunst, Medizin, Hobbys, emotionale Beziehungen usw. Hypothetische KI bzw. KSI hätte ein „größeres" Gedächtnis im Sinne von Speichervermögen und könnte Daten und Stimuli schneller verarbeiten und analysieren. Folglich wären die Entscheidungs- und Problemlösungsfähigkeiten von superintelligenten Wesen weitaus besser als die des Menschen.

Die immense Herausforderung, die mit der Entwicklung einer starken KI verbunden ist, kann nicht überraschen, wenn man bedenkt, dass das menschliche Gehirn als Modell für die Schaffung allgemeiner Intelligenz dient. Der Mangel an umfassenden Kenntnissen über die Funktionsweise des menschlichen Gehirns erschwert es Forschern, grundlegende Funktionen, wie z. B. die des Sehens und der Bewegung, hierfür bislang zu replizieren.

Fazit

- Alle **aktuell** bekannten existierenden Systeme fallen unter die Kategorie **schwache KI**.
- Gegenwärtig sind die meisten KIs solche mit begrenztem Speicher.
- Eine **starke KI** wurde bislang offiziell noch nicht entwickelt.
- Der Gedanke, über leistungsfähige Maschinen mit KSI zu verfügen, mag einigen reizvoll erscheinen, man sollte aber Folgendes bedenken:
  - Die Existenz solcher Maschinen kann eine Vielzahl heute zum Teil noch **unbekannter Konsequenzen** nach sich ziehen.
  - Wenn selbstbewusste, superintelligente Wesen geschaffen würden, wären sie zu vielfältigen Handlungen, z. B. zur Selbsterhaltung, fähig. Welche Auswirkungen dies auf die Menschheit, unser Überleben und unsere Lebensweise hätte, bleibt reine Spekulation.

3

3.1.2 Big Data, Data Mining und (un-)strukturierte Daten

Spricht man von KI, ist damit unweigerlich der Begriff „Big Data" verbunden. Auch von „Data Mining" ist in diesem Zusammenhang immer wieder zu hören.

DEFINITION

Big Data und Data Mining

- Unter Big Data versteht man große Mengen an Daten, die mit spezifischen Methoden gespeichert, verarbeitet und ausgewertet werden.
- Mit Data Mining bezeichnet man die systematische Anwendung von Methoden und Algorithmen auf große Datenmengen (Big Data), um daraus weitestgehend automatisch neue empirische Erkenntnisse und Zusammenhänge zu erkennen.

Big Data kommt gerade im Gesundheitswesen eine große Bedeutung zu. Der Begriff bezieht sich hierbei auf komplexe Gesundheitsdatensätze, die aus verschiedensten Quellen stammen (z. B. aus elektronischen Gesundheitsakten, medizinischer Bildgebung, Genomsequenzierung, pharmazeutischer Forschung, Wearables, medizinischen Geräten), in außergewöhnlich großen Mengen zur Verfügung stehen und das gesamte digitale Universum des Gesundheitswesens umspannen.

HINTERGRUNDWISSEN

Vor dem Hintergrund der Vielfalt von Daten bezüglich Format, Typ, Kontext u. a. ist es schwierig, **große Mengen an Gesundheitsdaten** in konventionellen Datenbanken zusammenzuführen. Dies macht die **Datenverarbeitung** besonders schwierig und stellt die Beteiligten vor besondere Herausforderungen, wenn es darum geht, das bedeutende Potenzial dieser Daten ausreichend zu nutzen.

Unbestritten ist jedoch, dass der richtige Umgang mit Big Data zur Bereitstellung evidenzbasierter Informationen im Laufe der Zeit zu einer großen Effizienzsteigerung führen und dazu beitragen wird, das Wissen um die bestmöglichen Verfahren im Zusammenhang mit Krankheiten, Verletzungen oder Leiden immens zu steigern. Bevor KI-Systeme im Gesundheitswesen eingesetzt werden können, müssen sie „trainiert" werden. Dies geschieht anhand von strukturierten oder unstrukturierten Daten, die u.a. aus klinischen Aktivitäten generiert werden. Diese klinischen Daten können z. B. demografische Daten, medizinische Notizen, elektronische Aufzeichnungen von medizinischen Geräten, die Ergebnisse körperlicher Untersuchungen sowie klinische Labor- und Bilddaten umfassen.

DEFINITION

Strukturierte Daten

Strukturierte Daten sind Informationen, die in einer konsistenten, standardisierten und klassifizierten Weise gespeichert und angezeigt werden können.

Diese Art von Daten kann mit zu erwartenden Normwerten (z. B. Blutdruckwerte) verglichen und im Laufe der Zeit daher leichter evaluiert werden. Dazu können z. B. Daten aus aktuellen und früheren klinischen Studien, Real-World-Daten (RWD) aus Registern, Blutdruckwerte sowie Angaben zur Blutgruppe oder zu den verschiedenen Stadien einer Krankheit gehören. Der Bedeutungsgrad der jeweiligen strukturierten Daten variiert je nach Erhebungsmethode und Genauigkeit.

HINTERGRUNDWISSEN

Strukturierte Daten sind der Schlüssel, um Konsistenz bei der Datenanalyse zu gewährleisten; sie unterstützen die Computeranalyse.

Darüber hinaus kann eine sorgfältige Kategorisierung und Standardisierung der jeweiligen Datenelemente eine bessere Kompatibilität der Daten aus verschiedenen Systemen gewährleisten oder zumindest eine Möglichkeit bieten, sie einander zuzuordnen.

DEFINITION

Unstrukturierte Daten

Unstrukturierte Daten beruhen nicht auf einem vordefinierten und klassifizierten Satz von Kriterien und liegen nicht in einer formalisierten Struktur vor.

Benutzer können narrative Informationen eingeben, wie z. B. Daten aus ePAs, von Laboratorien, Apotheken und Versicherungsfällen. Diese Art der Datenaufzeichnung bietet dem Anwender die größte Flexibilität bei der Eingabe eines Eintrags.

HINTERGRUNDWISSEN

Da dasselbe klinische Ereignis auf unterschiedliche Weise dokumentiert werden kann, können Computer unstrukturierte Daten nicht ohne Weiteres verarbeiten.

Das macht Fehler wahrscheinlicher. Insbesondere bei ePAs müssen zu große und unvorhersehbare Unterschiede in der Art und Weise, wie und welche Daten erfasst werden, vermieden werden. Wichtig ist dies vor allem deshalb, damit die dadurch gewonnenen Daten für die weitere Forschung bzw. die klinische Praxis verwendet werden können.

Ein besonderes Augenmerk gilt es auf die **neu hinzukommenden Datenquellen** zu richten. Dazu gehören z. B. mobile Sensoren, Apps mit Patientenberichten über den Behandlungsausgang, das IoT und Bewegungsmelder. Mobile Sensoren und Apps können von kommerziellen Geräten wie Fitbits bis hin zu medizinischen Herzfrequenzmessern, Blutdruck- und Blutzuckermessgeräten reichen. Ebenso liefern Genomik-, Proteomik- und Bildgebungsstudien detailliertere Informationen von noch nie dagewesener Qualität, die zur Diagnosestellung, Überwachung und Therapieentwicklung genutzt werden können.

BEISPIEL

Ein Beispiel für die potenzielle Leistungsfähigkeit der Analyse von Massen-Bildgebungsdatensätzen ist ein Algorithmus, der von *Google* in Zusammenarbeit mit dem Netzwerk der *Aravind-Augenkliniken* in Indien entwickelt wurde. Dieser prüft mit hoher Zuverlässigkeit auf diabetische Retinopathie, kann aber auch das Risiko von Herz-Kreislauf-Erkrankungen auf der Grundlage von Netzhautbildern genau vorhersagen (➤ Kap. 3.3.2).

3.1.3 Machine Learning, Algorithmen, Supervised und Unsupervised Learning, Reinforcement Learning und schmutzige Daten

Im Zusammenhang mit KI stößt man häufiger auf den englischen Begriff Machine Learning als einem Teilgebiet der KI.

DEFINITION

Machine Learning (ML)

ML ist das künstliche Herstellen von Wissen aus Erfahrungen.

Im Rahmen der Anwendung von ML lernt ein künstliches System selbstständig anhand von Beispielen und kann daraus im Anschluss Verallgemeinerungen ziehen.

HINTERGRUNDWISSEN

Für das ML braucht es
- zum einen die Eingabe relevanter **Daten**;
- zum anderen muss ein **Algorithmus** trainiert werden., d. h., es müssen Regeln dafür aufgestellt werden, auf welche Art und Weise durch das System z. B. eine Vorhersage erstellt werden soll.

Algorithmen erkennen Gesetzmäßigkeiten und Muster in Datensätzen und entwickeln daraus Lösungen. Dazu bauen sie beim ML ein statistisches Modell auf. Dieses basiert auf Trainingsdaten. Das bedeutet, dass Muster und Zusammenhänge in den Lerndaten erkannt werden.

D E F I N I T I O N

Algorithmus

Bei einem Algorithmus handelt es sich um eine formal festgelegte Vorgehensweise. Dabei wird eine definierte Aufgabe nach einem strukturierten Schema gelöst.

In der Informatik stellen Algorithmen eine Grundlage der Programmierung dar, unabhängig von einer konkreten Programmiersprache.

Eingaben in ML-Algorithmen können Patientenmerkmale (z. B. Alter, Geschlecht, Krankheitsgeschichte usw.) sowie spezifische medizinische Daten wie diagnostische Bildgebung, Genexpressionen, körperliche Untersuchungsbefunde, klinische Symptome, Medikamente usw. umfassen. Darüber hinaus werden medizinische Ergebnisse der Patienten aus der klinischen Forschung gesammelt.

H I N T E R G R U N D W I S S E N

Die Trainingsarten für Algorithmen bzw. ML-Verfahren können in drei **Hauptkategorien** unterteilt werden:

- **Überwachtes Lernen (engl. „supervised learning")** ist für die prädiktive Modellierung geeignet, indem es Zusammenhänge zwischen z. B. den Patientenmerkmalen (als Input) und dem angestrebten Ergebnis (als Output) aufbaut. Es nimmt einen bekannten Datensatz (Daten, die strukturiert und beschrieben wurden), leitet die Schlüsselmerkmale ab, die jedes Kennzeichen charakterisieren, und lernt, diese Merkmale in neuen Daten zu erkennen. Ein Algorithmus könnte z. B. eine große Anzahl von gekennzeichneten Bildern von Hunden testen und würde dann lernen, wie er einen Hund erkennt und andere, davon völlig verschiedene Bilder identifiziert.
- **Unüberwachtes Lernen (engl. „unsupervised learning")** steht für Merkmalsextraktion und erfordert keine vordefinierte Kennzeichnung in den verwendeten Daten. Es nimmt einen unmarkierten Datensatz, findet eigenständig Ähnlichkeiten und Unterschiede zwischen verschiedenen Einträgen innerhalb dieses Datensatzes und kategorisiert sie in seine eigenen Gruppierungen. Der Algorithmus könnte z. B. eine große Anzahl von unmarkierten Bildern analysieren, die Hunde und Pferde enthalten, und würde die Bilder mit ähnlichen Merkmalen in verschiedene Gruppen sortieren, ohne zu wissen, dass die eine Gruppe Hunde und die andere Pferde enthält.
- **Verstärkendes Lernen (engl. „reinforcement learning")** funktioniert durch Versuch und Irrtum unter Verwendung einer Feedbackschleife aus „Belohnungen" und „Strafen". Wenn der Algorithmus z. B. mit einem Datensatz gefüttert wird, behandelt er die Umgebung wie ein Spiel und bekommt bei jeder Aktion mitgeteilt, ob er gewonnen oder verloren hat. Auf diese Weise baut er sich ein Bild von den „Zügen" auf, die zum Erfolg führen, und von denen, die nicht zum Erfolg führen.

B E I S P I E L

Gute Beispiele für die Leistungsfähigkeit von Reinforcement Learning sind AlphaGo und AlphaGo-Zero von DeepMind (➤ Kap. 3.1.1, ➤ Kap. 5.2):

- *AlphaGo*, die von *Google DeepMind* entwickelte KI, war das erste Computerprogramm, das einen menschlichen Profispieler beim hochkomplexen asiatischen Brettspiel Go besiegte. Man präsentierte AlphaGo die Spielregeln und zeigte ihm dann Tausende verschiedener Mensch-gegen-Mensch Spiele, damit es die Gewinnstrategien selbst erlernen konnte. Das Ergebnis war der Sieg über den legendären Go-Weltmeister.
- In der Folge entwickelte das Unternehmen mit *AlphaGoZero* eine zweite, noch leistungsfähigere Version, die sich selbst Gewinnstrategien beibrachte, indem sie einfach Spiele gegen sich selbst spielte – ohne die Notwendigkeit, menschliche Spiele zu beobachten. *AlphaZero* bewies, dass es Go und Schach lernen konnte, indem es Partien gegen sich selbst spielte,

wobei es in nur 4 Stunden das menschliche Geschicklichkeitsniveau übertraf. Das wirklich Interessante daran ist, dass AlphaZero nicht speziell für das Schachspiel entwickelt worden war.

Eine entscheidende Herausforderung des ML gegenüber anderen Techniken ist seine Toleranz gegenüber sog. schmutzigen Daten.

DEFINITION

Schmutzige Daten

Darunter versteht man Daten, die z. B. doppelte Datensätze oder unvollständige, falsche oder veraltete Informationen enthalten.

3

Die Fähigkeit des ML, im Laufe der Zeit weiter zu lernen und sich zu verbessern, bedeutet, dass schmutzige Daten mit viel größerer Genauigkeit verarbeitet werden können, was bei wachsenden Datenmengen immer wichtiger wird. Im Gesundheitswesen findet bereits heute ML vermehrt Anwendung, so z. B. bei der Erkennung von Krebs (➤ Kap. 3.3).

3.1.4 Künstliche neuronale Netzwerke, Input und Output Layer, Backpropagation und Deep Learning

Künstliche neuronale Netzwerke stellen einen Teilbereich der KI dar.

DEFINITION

Künstliches neuronales Netzwerk (KNN)

Unter einem KNN (engl. „Artificial Neural Network", ANN) versteht man viele einzelne künstliche „Knoten" (Neuronen), die in miteinander verbundenen Schichten angeordnet sind und das Netzwerk von Neuronen in einem menschlichen Gehirn nachahmen.

Jeder Knoten erhält einen Input, ändert seinen internen Zustand und erzeugt eine entsprechende Ausgabe. Das so gewonnene Ergebnis bildet dann den Input für andere Knoten usw. Die Daten werden dem Netzwerk über einen sog. Input Layer (Eingabeschicht) präsentiert, der eine Verbindung zu einem oder mehreren sog. Processing bzw. Hidden Layers (Verarbeitungsschicht) herstellt, um am Ende ein Ergebnis zu präsentieren, den sog. Output Layer. Dabei wird die Gewichtung der einzelnen Verbindungen bzw. Neuronen geändert.

Neuronale Netze lernen anhand von Beispielen, weil sie eine Lernregel enthalten, welche die Verbindungsgewichte auf der Basis der zugrunde liegenden Eingabemuster modifiziert. Menschliche Gehirne lernen komplexe Dinge hauptsächlich durch Erfahrung, Übung und Feedback.

HINTERGRUNDWISSEN

Ein neuronales Netzwerk lernt durch Training unter Verwendung eines Algorithmus namens **Backpropagation (Rückwärtspropagieren)**.

Das Lernen erfolgt bei jedem Beispiel durch das Vorwärtspropagieren des Outputs (s. o.) und das Rückwärtspropagieren der Gewichtungen. Wenn ein neuronales Netz beispielsweise ein anfängliches Eingabemuster erhält, nimmt es eine zufällige Schätzung vor, um welches Muster es sich dabei handeln könnte. Dann berechnet es den „Fehler", wie weit seine Antwort von der richtigen Antwort entfernt war, und passt seine Verbindungsgewichtung entsprechend an, um diesen Fehler zu reduzieren. Sobald ein KNN trainiert ist, kann es zur Analyse neuer Daten verwendet werden. Eine weitere Methode der Informationsverarbeitung ist das sog. Deep Learning.

D E F I N I T I O N

Deep Learning (DL)

DL stellt einen Teilbereich des ML und eine Erweiterung der Technik der KNN dar.

Im Wesentlichen ist DL ein KNN mit vielen Schichten. Die immer schneller werdenden Rechnerleistungen ermöglichen es, anhand von DL ein KNN mit einer großen Anzahl von Schichten bzw. Netzen aufzubauen, was mit traditionellen KNN nicht möglich ist. Daher können durch DL komplexere nichtlineare Muster in den Daten untersucht werden.

B E I S P I E L

Im medizinischen Bereich werden häufig Algorithmen und DL-Netzwerke, z. B. das sog. Convolution Neural Network (CNN oder ConvNet), Recurrent Neural Network (RNN), Deep Belief Network (DBN) und Deep Neural Network (DNN), verwendet.

Das ConvNet wird bei der Verarbeitung hochdimensionaler Daten bevorzugt. Herkömmliche Algorithmen des ML sind darauf ausgelegt, Daten zu analysieren, wenn die Anzahl der Merkmale gering ist. Beispielsweise sind Bilddaten von Natur aus hochdimensional aufgrund der Tatsache, dass jedes Bild normalerweise Tausende von Pixeln als Merkmale enthält.

Angesichts der permanenten Zunahme des Volumens und der Komplexität von Daten kommt dem Einsatz von DL sehr große Bedeutung zu.

H I N T E R G R U N D W I S S E N

DL-Modelle können von sich aus stets erneut lernen, indem die Systeme das Erlernte permanent mit neuen Inhalten verknüpfen. Die Analyse, ob die Prognose richtig oder falsch ist, erfolgt durch die Maschine bzw. Algorithmen und nicht durch den Menschen. Dies stellt den entscheidenden **Unterschied** zwischen **DL** und **ML** dar. Beim ML greift der Mensch in die Datenanalyse und den Entscheidungsprozess ein, um Anpassungen vorzunehmen.

3.1.5 Natural Language Processing

Natural Language Processing (NLP) kommt im Gesundheitswesen besondere Bedeutung zu. Obwohl die zunehmende Verwendung elektronischer Krankenakten dazu geführt hat, dass bereits viel detailliertere klinische Informationen auf kodifizierte und strukturierte Weise dokumentiert werden, gibt es immer noch eine beträchtliche Menge an klinischen

Informationen, die mit unstrukturierten Methoden wie Diktat, Typisierung und Schreiben erfasst werden. Obwohl dieser unstrukturierte „Freitext" einem Menschen, der ihn liest, ggf. wertvolle Informationen liefert, kann er von einem Computer nicht analysiert und verwendet werden, solange er nicht kodifiziert und strukturiert ist.

> **DEFINITION**
> **Natural Language Processing (NLP)**
>
> Unter NLP versteht man das Umwandeln menschlicher Sprache in ein strukturiertes und verständliches Format, das Computer dann für verschiedene Analysen und andere Aufgaben verwenden können.

Bei NLP lernen Computer, das gesprochene und geschriebene Wort zu verstehen und zu verarbeiten. NLP ist eines der besten Werkzeuge zur Extraktion von Informationen aus rohen und unstrukturierten Textdaten, wie sie z. B. in ePAs gespeichert sein können.

Im Gesundheitswesen ermöglicht der Einsatz von NLP, diese unstrukturierten Informationen im Freitext, die in die Patientenakte eingegeben wurden, in nützliche Daten umzuwandeln, die ein Computer verwerten kann. Dies kann durch den Einsatz von Sprache-zu-Text-Anwendungen ergänzt werden, die gesprochene Worte in Text umwandeln. Dabei kann NLP z. B. dazu verwendet werden, diktierte Sprache in strukturierte und kodifizierte Informationen umzuwandeln, die von einer Computeranwendung genutzt werden können.

3.2 Herausforderungen und Überlegungen

In Bezug auf die Verwendung von KI im Gesundheitswesen stellt sich eine Vielzahl von Fragen. Sie reichen von ethischen Aspekten, Fragen der Diskriminierung, Zuteilung von Verantwortlichkeiten, Transparenz, demografischen Entwicklungen bis hin zu Aspekten der Sicherheit, der Privatsphäre und des Datenschutzes. Und dies sind nur einige der Herausforderungen, welche die Verwendung von KI mit sich bringt. Nachfolgend werden diese Aspekte daher schematisch beleuchtet, damit die in ➤ Kap. 3.3 vorgestellten Wachstumsfelder und Anwendungsbeispiele besser in den Gesamtkontext der Anwendung von KI im Gesundheitswesen eingeordnet werden können.

3.2.1 Gesellschaftliche Disruption

Zu den wichtigsten Bedenken gegenüber einer breiten Einführung von KI gehört, dass sie zukünftig den **Verlust von Arbeitsplätzen** nach sich ziehen könnte (➤ Kap. 3.4). Es wird immer wieder die Besorgnis geäußert, dass KI zur Automatisierung von Arbeitsplätzen und damit zu einer erheblichen Verlagerung von Arbeitskräften im Gesundheitswesen führen wird. Viele prophezeien, dass in den nächsten 10–20 Jahren eine beträchtliche Anzahl von Arbeitsplätzen durch KI automatisiert werden könnte. Andere Studien legen nahe, dass mit einer gewissen Automatisierung von Arbeitsplätzen zu rechnen ist, dass sich der Verlust von Arbeitsplätzen jedoch durch verschiedene externe Faktoren einschränken ließe. Daher sind viele Überlegungen dazu angestellt worden, wie viele Menschen ihren Arbeitsplatz z. B. durch KI-gesteuerte Roboter verlieren werden.

Einig sind sich alle, dass sie sich nicht einig sind. Denn unklar ist bislang, welche Auswirkungen KI tatsächlich auf unsere Arbeitsplätze haben wird. Aber wie so viele Vorhersagen zu früheren industriellen Revolutionen sind die Schätzungen wahrscheinlich auch im Hinblick auf KI falsch. Nicht vergessen werden darf, dass KI für die **Schaffung besserer Arbeitsplätze** sorgen kann, indem sie sich die Fähigkeiten, die bislang vorrangig dem Menschen zu eigen sind (u. a. kognitive Funktionen, Analyse- und Synthesefähigkeiten), zunutze macht und dadurch den Menschen entlastet (➤ Kap. 3.3). Ein weiteres Argument ist, dass KI **mehr Arbeitsplätze** schaffen kann, weil es Menschen braucht, um diese Technologien zu erstellen und anzuwenden.

Ein Problem im Zusammenhang mit dem Arbeitsplatzverlust ist das Entstehen von Vermögensungleichheit. KI hat das Potenzial, den **Wirtschafts- und Vermögenskreislauf** nachhaltig zu **beeinflussen:**

- Moderne Wirtschaftssysteme verlangen von Arbeitnehmern in der Regel, dass sie ein Produkt herstellen oder eine Dienstleistung anbieten, wobei ihre Entlohnung auf einem Stundenlohn basiert. Das Unternehmen zahlt Löhne, Steuern und andere Abgaben. Gewinne werden reinvestiert, um so neue Gewinne zu generieren und sicherzustellen, dass das Unternehmen weiterhin wächst.
- KI könnte diesen Wirtschaftsfluss erheblich stören. KI-fähige Technologien erhalten keinen Lohn, zahlen keine Steuern und können rund um die Uhr mit 100-prozentiger Effizienz bei minimalen Wartungskosten arbeiten.

Das bedeutet, dass Unternehmen und Einzelpersonen, in deren Besitz sich die Arbeitskraft der KI befindet, überproportional profitieren, was in der Gesellschaft zu einer größeren **Wohlstandsungleichheit** und unterschiedlichen demografischen Entwicklungen führt.

Auf der anderen Seite kann KI der Gesellschaft vielfältige und bedeutende Vorteile bringen, indem sie z. B. im Rahmen von **Armutsbekämpfung**, **Klimaschutz**, **Konfliktlösung** und eben im **Gesundheitswesen** eingesetzt wird und so zu einer ökonomisch und sozial erfolgreichen Zukunft beiträgt.

3.2.2 Mensch-Maschine-Interaktion

Die Roboter der Zukunft werden uns in verschiedenen sozialen Rollen wie z. B. Krankenpflege, Hauswirtschaft, Altenpflege, Unterricht usw. unterstützen und tun dies stellenweise auch schon heute. Wichtig ist hierbei hervorzuheben, dass hinter jedem Roboter (➤ Kap. 2.1.4) im wahrsten Sinne des Wortes ein Mensch steht. Das heißt, ein Roboter ist nicht per se auf dieser Welt, sondern ihm liegt eine komplexe, von Menschen entwickelte Technologie zugrunde, wobei KI, wie bereits dargestellt, eine entscheidende Rolle spielt.

Roboter werden irgendwann so aussehen und sich so verhalten wie wir Menschen und damit das soziale Gefüge herausfordern, das wir als Menschen entwickelt haben. Da sich KI dadurch nahtlos in alle Aspekte unseres Lebens integriert, müssen wir uns mit der Möglichkeit auseinandersetzen, dass dies Einfluss auf unsere **Emotionen** und unsere **sozialen Beziehungen** (Qualität und ggf. Anzahl zwischenmenschlicher Kontakte) nehmen wird.

Umgekehrt stellt sich die Frage, ob Robotern die **Menschenrechte** oder eine Staatsbürgerschaft zuerkannt werden sollten, insbesondere wenn sie sich so weit entwickeln, dass sie in der Lage sind zu „fühlen"? Stehen Robotern dadurch menschen- oder tierähnliche Rechte zu? Nennt man dies dann **Roboterrechte**? Wenn Robotern Rechte gewährt werden, wie stufen wir dann ihren sozialen Status ein? Im Jahr 2017 erhielt der humanoide Roboter *Sophia* von Hanson Robotics die saudi-arabische Staatsbürgerschaft. Einige halten dies zwar für einen PR-Gag und nicht für eine tatsächliche rechtliche Anerkennung, aber es ist ein Beispiel dafür, welche Art von Rechten im Zusammenhang mit KI in Zukunft gewährt werden könnte.

3.2.3 Haftung, technologische Singularität und Künstliche-Intelligenz-Observatorien

Bei der Anwendung von KI kommt es unweigerlich auch zu Fehlern. Ein klassisches Beispiel ist der von *Microsoft* entwickelte KI-Chatbot *Tay*, der 2016 auf Twitter veröffentlicht wurde. In weniger als einem Tag lernte der Roboter aufgrund der Informationen, die er erhielt und die er von anderen Twitter-Benutzern lernte, rassistische Beleidigungen und Nazi-Propaganda von sich zu geben. Daraufhin schaltete Microsoft den Chatbot sofort ab.

Der Punkt, an dem das technologische Wachstum die menschliche Intelligenz übertrifft, wird als **technologische Singularität** bezeichnet. Nicht nur, aber insbesondere in Zeiten von Pandemien wie durch COVID-19 stellt sich die Frage, was passieren würde, wenn eine KI ein Virus zur Waffe machen würde, anstatt einen Impfstoff dagegen herzustellen? Wer zeichnet für die KI verantwortlich? Der Entwickler und Programmierer der KI? Der Hersteller bzw. Verkäufer des Produkts, z. B. der App, in der die KI enthalten ist? Der Anwender? Weltweit werden hierzu je nach Gesellschafts- und Rechtssystem die verschiedensten Ansichten vertreten.

Zweifellos werden auch im Gesundheitswesen die Systeme der KI bei der Diagnose und Behandlung von Patienten Fehler machen, und es könnte schwierig werden, die Verantwortlichkeit bzw. Haftung dafür festzulegen. Ein erster Schritt, Rechenschaftspflichten sicherzustellen, wäre der Erlass entsprechender praxisbezogener **Gesetze** bzw. Regulierungen (➤ Kap. 5.2.4, ➤ Kap. 6). Dies wiederum birgt das Risiko der **Überregulierung**, die für den Einsatz von KI kontraproduktiv wäre (vgl. These 3 in ➤ Kap. 5.1.3).

Vielfach wird die Einrichtung von sog. **KI-TÜVs oder KI-Observatorien** als unabhängige Prüfstellen von KI gefordert, um u. a. die Verantwortung und Rechenschaftspflicht von KI-Systemen sicherzustellen. Teilweise sind diese Forderungen sogar schon umgesetzt worden. Über den genauen Aufgabenkatalog solcher Prüfstellen herrschen unterschiedliche Vorstellungen. Manche fordern, dass sie die Einhaltung der jeweiligen **nationalen Standards** sowie Veränderungen, die sich durch die Anwendung von KI ergeben, sachlich und differenziert beleuchten und, wo erforderlich, die nötige Aufklärungsarbeit leisten sollen. Andere wiederum sehen deren Aufgabe in der **Zertifizierung** von KI-Systemen, u. a. für die Medizin. Allen gemeinsam ist als zugrunde zu legender Maßstab der **verantwortungsvolle Einsatz von KI** unter **Ausschöpfung ihres vollen Potenzials**. Bei kritischen KI-Aspekten sollen auch Verbote diskutiert werden können, etwa unter ethischen Gesichtspunkten (➤ Kap. 3.2.4).

Wichtig ist festzuhalten, dass sich solche KI-Observatorien nur empfehlen, wenn sie unter Einbezug aller Akteure aus Wissenschaft, Zivilgesellschaft, Wirtschaft und Politik arbeiten, um für die Zukunft wirksame Regeln und Standards festzulegen. Dies gilt gerade auch für das Gesundheitswesen. Kurzfristig besteht daher eine der größten Herausforderungen für die KI im Gesundheitswesen darin, ihre konforme Anwendung in der täglichen Praxis erst einmal zu gewährleisten. Damit sie auf breiter Basis und unter Berücksichtigung der genannten Aspekte implementiert werden kann, wird stellenweise überlegt, ob Aufsichtsbehörden die KI zuerst genehmigen müssen, bevor sie durch ausreichend im Umgang mit KI geschultes Personal in die Gesundheitssysteme integriert und standardisiert angewendet werden kann. Dabei muss auch die Frage beantwortet werden, wie mit sich **permanent weiterentwickelnden KI-Systemen** vor dem Hintergrund einer einmal ausgestellten **KI-Genehmigung** umgegangen werden soll. Denn Fakt ist, dass die Entwicklung und Bereitstellung der ausgereiften Technologien schneller erfolgt als die Klärung der in diesem Abschnitt aufgeworfenen Fragen.

Insbesondere für den EU-Raum könnte es daher empfehlenswert sein, ein **europaweites Netzwerk** von KI-Bewertungsstellen zu schaffen, die unter Berücksichtigung der jeweiligen nationalen Standpunkte und in Abstimmung mit den jeweils anderen EU-Ländern bzw. in enger Abstimmung mit der EU-Kommission und internationalen Institutionen kooperieren.

Zweifelsohne werden wir mit vielen ethischen, medizinischen, rechtlichen, ökonomischen und technologischen Fragestellungen und Veränderungen durch KI im Gesundheitswesen konfrontiert werden. Daher ist es wichtig, dass Gesundheitseinrichtungen sowie Regierungs- und Aufsichtsbehörden Strukturen zur Kontrolle von Schlüsselbereichen schaffen, verantwortungsbewusst reagieren und **Governance-Mechanismen** einrichten, um negativen Auswirkungen des Einsatzes von KI angemessen zu begegnen.

Da es sich bei KI um eine der mächtigsten und folgenreichsten Technologien mit weitreichenden Auswirkungen auf die menschliche Gesellschaft handelt, werden ihre Entwicklung und ihre Verwendung über viele Jahre hinweg mit kontinuierlicher Aufmerksamkeit und einer **durchdachten Politik** begleitet werden müssen.

3.2.4 Ethik, Transparenz und Diskriminierung

Eine Schlüsselrolle bei den soeben angestellten Überlegungen kommt dem Aspekt der Ethik bzw. der **Ethical Governance** zu. Letztere wird oft als eine Reihe von verschiedenen Prozessen, Verfahren, kulturellen Normen und Werten beschrieben, die darauf ausgerichtet sind, höchste Verhaltensstandards zu gewährleisten.

Bei der Diskussion um Ethik in der KI gilt es insbesondere die jeweiligen gesellschaftlichen Rahmenbedingungen nicht zu vernachlässigen. Während beispielsweise die Diskussion um KI in Europa eher wertegeprägt erfolgt, ist in den USA ein mehr kapitalistischer Ansatz zu beobachten. So können hierzu in Deutschland z. B. die Empfehlungen der Datenethikkommission der Bundesregierung für die Strategie zur KI berücksichtigt werden [1]. Dabei ist es wichtig zu betonen, dass die Diskussion um Ethik im Zusammenhang mit KI **nicht** von einem rein **philosophischen** Ansatz geprägt sein darf. Vielmehr muss diese Diskussion im Kontext von **Wirtschaftlichkeits-, Sozialverträglichkeits- und Nachhaltigkeitsaspekten** für das **Allgemeinwohl** geführt werden. Das vielleicht schwierigste Problem, das es angesichts der heutigen Technologien zu lösen gilt, ist die **Transparenz**. Viele KI-Algorithmen, insbesondere DL-Algorithmen, lassen sich praktisch so gut wie gar nicht nachvollziehen, interpretieren oder erklären.

Dies hat zur Folge, dass selbst Ärzte, die sich mit der Funktionsweise von Algorithmen im Allgemeinen grundsätzlich auskennen, u. U. nicht in der Lage sind, ihren Patienten zu erklären, wie die KI zu einem bestimmten Ergebnis bezüglich einer Diagnose, eines Behandlungsplans etc. kommt. Fragen der Haftung bei einer fehlerhaften Therapie sind damit eng verbunden (➤ Kap. 3.2.3). Dies umfasst auch essenzielle Fragen bezüglich der zugrunde liegenden Daten (➤ Kap. 3.1.2, ➤ Kap. 3.2.5), z. B.: Wer ist bei der Gewinnung, Verarbeitung und Speicherung von Daten involviert? Wer profitiert wie davon? Somit entwickelt sich die Nachvollziehbarkeit bzw. Überprüfbarkeit zum Dreh- und Angelpunkt bei der Frage nach transparenter Anwendung von KI.

HINTERGRUNDWISSEN

Transparenz in Bezug auf Trainingsdaten, Testdaten und -ergebnisse, die Interpretation von Studienergebnissen und die Nutzung von Algorithmen sind wichtige Aspekte für die Gewährleistung ethischer Standards in der KI-Forschung.

Maschinelle Lernsysteme im Gesundheitswesen können auch einer **algorithmischen Verzerrung** unterliegen. Derartige Systeme sind für Verzerrungen und Fehler anfällig, die auf ihre menschlichen Programmierer zurückgeführt werden können. Systematische Verzerrungen können z. B. infolge der Daten entstehen, die man für das Training der Systeme einsetzt, oder aber auch als Ergebnis der Werte und persönlichen Anschauungen, die Systementwickler bzw. Programmierer vertreten.

Man kann argumentieren, dass intelligente Maschinen anders als wir Menschen nicht über einen moralischen Kompass verfügen und ihr Handeln nicht nach moralischen Prinzipien ausrichten. Doch nicht jeder moralische Kompass und nicht jedes moralische Prinzip kommt immer auch der Menschheit als Ganzes zugute. Wie können wir also sicherstellen, dass die jeweilige KI-Anwendung ohne **Vorurteil** (engl. „bias") ist und nicht das Resultat einer „verzerrten" Programmierung darstellt?

Grundsätzlich ist hervorzuheben, dass **Diskriminierung** bei der Anwendung von KI nicht die „Schuld" der KI selbst ist, sondern auf den Menschen dahinter, der damit arbeitet bzw. programmiert hat, zurückzuführen ist.

Auch ist Diskriminierung nicht neu, sondern jeder Gesellschaft inhärent. Gerade im weltweiten Gesundheitswesen lassen sich viele verschiedene Formen von Diskriminierung beobachten. Einen diskriminierungsfreien Raum gibt es im wahren Leben nicht und sollte daher auch **nicht per se als Argument gegen KI** angeführt werden. Entscheidend ist vielmehr, wie damit (gesellschaftlich, wirtschaftlich, regulatorisch, sozial etc.) umgegangen wird.

Wenn KI eine gewisse Voreingenommenheit bezüglich z. B. Geschlecht, Religions- und ethnischer Zugehörigkeit oder Einkommensklasse entwickelt, dann liegt der Fehler vor allem darin, was sie gelehrt bzw. wie sie trainiert wurde. Dieses Problem wird noch dadurch verschärft, dass KI-Anwendungen in der Regel **Black Boxes** sind, bei denen sich unmöglich beurteilen lässt, ob die Daten, mit denen die Systeme trainiert wurden, gänzlich fair oder repräsentativ sind. Daher müssen Personen, die in der KI-Forschung und -Entwicklung arbeiten, bei der Entscheidung, welche Daten für das Training von KI verwendet werden sollen, eine mögliche Voreingenommenheit im Auge behalten. Auch sollten bei der Programmierung bzw. Entwicklung von KI die **Beteiligten aus verschiedensten Disziplinen** (IT, Recht, Medizin, Philosophie, Soziologie, Wirtschaft etc.) stammen.

3.2.5 Datenschutz und Datensouveränität

Die Anwendung von KI ist insbesondere im Gesundheitswesen aufgrund der Vielzahl an höchstpersönlichen und daher **sensiblen Gesundheitsdaten** stets mit der Frage nach Datenschutz und Datensouveränität konfrontiert (➤ Kap. 2.3.2). Dabei gilt es in der Diskussion stets hervorzuheben, dass Datenschutz nicht allein den Schutz der Daten, sondern der Menschenwürde, der Bürgerrechte, der individuellen Freiheit etc. betrifft. Die Datensouveränität ist im Umgang mit den Daten jedes einzelnen Bürgers stets zu beachten und zu respektieren.

Grundsätzlich bietet, was den Datenschutz betrifft, die aktuelle **Datenschutz-Grundverordnung (DSGVO;** engl. General Data Protection Regulation, GDPR) eine gute, allgemein gültige Basis für einen rechtskonformen Umgang mit personenbezogenen Daten. Dennoch geben viele Unternehmen und gerade Start-ups mit entsprechenden KI-Anwendungen für den Gesundheitsbereich die **Frage nach dem richtigen Umgang** mit Daten als eines ihrer Hauptprobleme bei der Entwicklung von KI an. Zu groß sind die Unsicherheiten speziell bei der Entwicklung von KI bzw. bei der Gewinnung, Verarbeitung und Speicherung von Daten. Oftmals wird in diesem Zusammenhang die Bereitstellung von **Data Spaces** diskutiert, in denen Daten u. a. individuell ausgetauscht werden können.

Aber auch **sektorübergreifend** gilt es, den Aspekt der **Gesundheitsdaten** im Zusammenhang mit KI in seiner Gesamtheit in den Blick zu nehmen. Als Beispiel hierfür sei die **Automobilindustrie** genannt. Fahrzeuge sind heutzutage bereits mit vielen Funktionen ausgestattet, die das Wohlbefinden, aber auch die Sicherheit der Fahrzeuginsassen gewährleisten sollen. So haben Sitze eine Massagefunktion, oder technische Vorrichtungen geben ein Alarmzeichen, wenn eine gewisse Fahrzeit überschritten wurde und eine Ruhepause eingelegt werden sollte. Was aber ist, wenn durch KI die Gesundheitsdaten des Fahrers (z. B. über Sensoren in den Sitzen, die den Herzschlag protokollieren) dokumentiert und ausgewertet werden (➤ Kap. 3.2.5)? Wenn dem Fahrer durch KI Vorschläge zur weiteren Fahrweise gemacht werden, die kausal zu einem Unfall führen? Wer haftet dann wofür (➤ Kap. 3.2.3)? Dies alles sind Fragen, die uns in ihrer Komplexität zukünftig beim Einsatz von KI vermehrt begegnen werden.

3.3 Künstliche Intelligenz in Aktion: Wachstumsfelder und Anwendungsbeispiele

KI nimmt in den verschiedensten Gesundheitssystemen bereits heute eine wichtige Rolle ein und wird auch weiterhin noch stärker an Bedeutung für das Gesundheitsökosystem der Zukunft gewinnen. In den unterschiedlichsten Bereichen kommt KI dabei eine entscheidende Funktion zu, so z. B. in der Diagnostik, bei Behandlungsempfehlungen und in der Präzisionsmedizin (vgl. These 4 in ➤ Kap. 5.1.4 und These 5 in ➤ Kap. 5.1.5). Die Anwendung von KI wird bei der Bildanalyse (z. B. in der Radiologie und Pathologie) immer populärer. Sprach- und Texterkennungsprogramme mit KI werden schon jetzt für Aufgaben wie Patientenkommunikation und Erfassung klinischer Notizen eingesetzt – Tendenz weiter steigend.

Europa unternimmt dabei verschiedene Versuche, sich an der Spitze des KI-Bereichs zu etablieren bzw. zumindest an die Spitze aufzuschließen (➤ Kap. 2.3.2). Im Jahr 2018 einigten sich die EU-Mitgliedstaaten darauf, bei einer Reihe von Themen aus dem Bereich KI zusammenzuarbeiten [2]. Der Investitionsbereitschaft wird dabei eine besondere Tragweite zugesprochen. Mit der Veröffentlichung ihres **strategischen Ansatzes zur KI** legt die **Europäische Kommission** einen speziellen Fokus darauf, einen angemessenen ethischen und rechtlichen Rahmen für KI zu schaffen, die technologischen und industriellen Kapazitäten der EU zu stärken, dem Investitionsbedarf angemessen nachzukommen, Datenzugang bzw. Datenaustausch zu regeln und die Mitgliedsländer so auf die mit KI verbundenen sozioökonomischen Veränderungen vorzubereiten.

Das Gesundheitswesen entwickelt sich zu einem herausragenden Bereich für KI-Forschung und KI-Anwendungen, wobei fast alle Bereiche der Branche vom Aufstieg der Technologie erfasst werden, wie ➤ Abb. 3.2 exemplarisch veranschaulicht.

Insbesondere im Gesundheitswesen wird der durch KI herbeigeführte Wandel aufgrund der Vielzahl von KI-Anwendungsmöglichkeiten unmittelbar zu spüren sein.

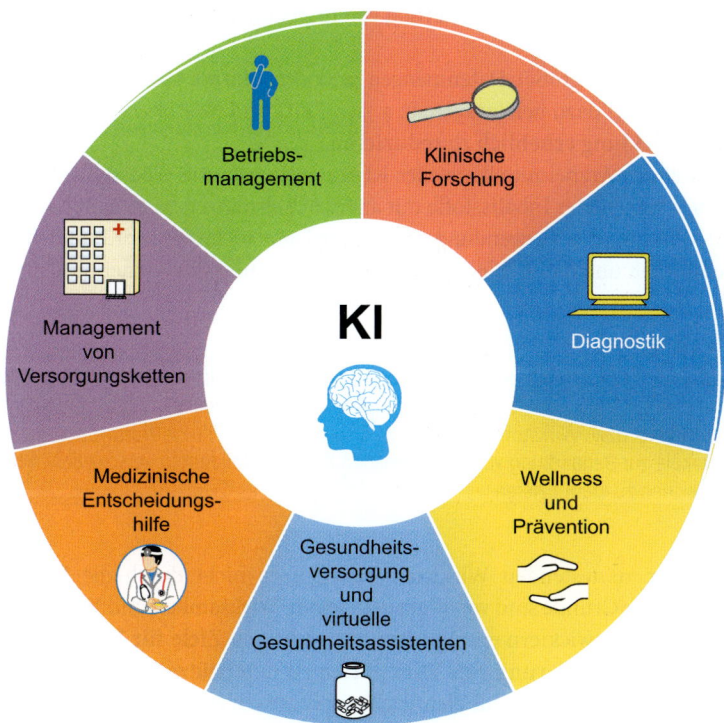

Abb. 3.2 Anwendungsbereiche von KI (exemplarisch) [P837, L143]

3.3.1 Transformation der klinischen Forschung

Die pharmazeutische F & E war und ist ein langer und kostspieliger Prozess. Biologische Systeme sind komplex, und dies führt dazu, dass der Prozess der Arzneimittelentdeckung und -entwicklung aus vielen Teilschritten besteht. Viele Substanzen, die im Labor unter

In-vitro- bzw. In-vivo-Bedingungen hervorragende Ergebnisse zeigen, sind u. a. aufgrund von Nebenwirkungen für die Anwendung beim Menschen nicht geeignet. Angesichts der großen Menge an Molekülen, die auf ihre pharmazeutischen Eigenschaften hin untersucht werden, ist die geringe Zahl der Substanzen, die letztlich zur Therapie zugelassen werden, ernüchternd. Die enorme Anzahl an Tests und die ständig steigenden regulatorischen Anforderungen treiben die Kosten der Arzneimittelentwicklung in die Höhe und verlängern auch die Zeit bis zur Markteinführung neuer Pharmazeutika.

ML in Verbindung mit NLP ist gut geeignet, um Tausende von Seiten mit Forschungsergebnissen mit hoher Geschwindigkeit zu bearbeiten und zu sortieren, um die bisherigen F & E-Verfahren effizienter zu gestalten. So können mithilfe von KI z. B. Verbindungen zwischen relevanten Datenpunkten erkannt und die Anzahl der infrage kommenden Moleküle in einem Bruchteil der üblichen Zeit eingegrenzt werden.

Neue Verfahren im Bereich der molekularen Analyse, wie z. B. die sog. Machine Vision und Bildanalyse, ermöglichen es, mit KI-Systemen vorherzusagen, welche Moleküle für welche biologischen Ziele wirksam sein könnten, und können damit den Prozess der Arzneimittelentwicklung beschleunigen. Eine Anwendungsmöglichkeit dieser Technologie ist die schnelle und genaue Identifizierung von Impfstoffen gegen bestimmte Virusinfektionen.

Durch die Analyse großer Datenmengen und den Einsatz von Machine Vision und Bildanalyse kann KI dazu beizutragen, u. a. den **Zeit- und Kostenaufwand bei der Arzneimittelentwicklung erheblich** zu **reduzieren**.

Während einige Arzneimittelhersteller KI benutzen, um die Wechselwirkungen eines Arzneimittels bzw. seiner Inhaltsstoffe mit anderen Substanzen zu untersuchen, wäre der Weg in die Zukunft die Verwendung von KI zur Untersuchung des Krankheitsbildes in seiner Gesamtheit und dadurch eine effektivere Herstellung von Arzneimitteln.

BEISPIEL

GlaxoSmithKline (GSK) ging eine Partnerschaft mit dem Start-up-Unternehmen *Exscientia* (www.exscientia.ai/) ein, das führend im Bereich der KI-gesteuerten Arzneimittelentdeckung und -entwicklung bzw. Wirkstoffforschung ist. Dabei wird eine KI-Plattform dazu genutzt, um kleine Moleküle zur Behandlung von verschiedenen Krankheitsbildern in verschiedenen therapeutischen Bereichen zu identifizieren.

Rund 50 % der zu testenden Wirkstoffe schaffen es nicht durch die Phase-II- und Phase-III-Studien; Gründe sind vor allem mangelnde Wirksamkeit und Nebenwirkungen. Die KI könnte es Entwicklern ermöglichen, die **richtigen Ziele für F & E zu** identifizieren und bei der **Priorisierung von Wirkstoffen** zu unterstützen. Dies kann helfen, die **Erfolgsrate** der frühen Arzneimittelentwicklung drastisch zu erhöhen, die Entwicklungszeit von Arzneimitteln zu verkürzen sowie starke und nachhaltige Arzneimittel-Pipelines aufzubauen. Die KI kann auch Muster in großen und komplexen Datensätzen schneller und mit größerer Präzision identifizieren, als dies bisher möglich war.

BEISPIEL

Exscientia nutzt seine KI-basierte Arzneimittelentdeckungsplattform *Centaur Chemist*™ (www.exscientia.ai/centaur-chemist) zur Generierung neuer Arzneimittelkandidaten durch die Analyse von Daten aus verschiedenen Quellen in Kombination mit anderen Inputs wie z. B. Fragmentscreens und Proteinstrukturdaten. Die KI-Technologie von Exscientia wird dann mit der Expertise von erfahrenen Arzneimittelentwicklern kombiniert, um einen schnellen Design- und Testzyklus zu implementieren, der aus den vorherigen experimentellen Ergebnissen lernt und schnell zu Verbindungen führt, die den gewünschten Kriterien entsprechen. Diese werden dann mit hoher Geschwindigkeit synthetisiert und in kleinen Chargen getestet, um ihr Potenzial und Aspekte der Pharmakokinetik, d.h. der Gesamtheit aller Prozesse, denen ein Arzneistoff im Körper unterliegt, für ein erfolgreiches Ergebnis auszubalancieren.

Um die interne Pipeline zu erweitern, wurde u.a. ein Joint Venture, d.h. eine Unternehmenskooperation, von Exscientia mit Evotec (www.evotec.com) eingegangen. Diese konzentriert sich u.a. darauf, die KI-gestützte Biologie als Teil der Wirkstoffforschungskapazitäten auszubauen.

BEISPIEL

Die KI-Plattform von *Antidote* (www.antidote.me/) verkürzt den Prozess der Patientenrekrutierung für klinische Studien um mehrere Monate und ermöglicht es Forschern, mehr Patienten für ihre Studien zu finden und damit eine zentrale Herausforderung in der Arzneimittelentwicklung anzugehen.

Gerade bei klinischen Studien ist es zeitaufwendig und schwierig, die richtige Studie mit dem richtigen Patienten zusammenzubringen. Antidote hat ein maßgeschneidertes Programm entwickelt, bei dem *Antidote Match* zum Einsatz kommt – eine proprietäre Suchmaschine für klinische Studien, die auf Algorithmen zur Generierung strukturierter Auswahlkriterien und maschinellen Lerntechniken basiert. Das Tool ist in mehr als 200 Websites im Bereich Gesundheit und Patientenvertretungen eingebettet. Antidote Match durchsucht Tausende von offenen Studien und bringt diese auf der Grundlage von Benutzerantworten aus Fragebögen mit den passenden Kandidaten zusammen. Dabei werden Algorithmen eingesetzt, die auf einer großen Anzahl von vorgegebenen Kriterien für die Auswahl von geeigneten Patienten für die jeweilige klinische Studie beruhen. Dieser Ansatz ist darauf zurückzuführen, dass die Auswertung der Patientenantworten als strukturierte Daten mehr Informationen geliefert hat als das, was Forscher aus der Krankenakte eines Patienten ableiten konnten. Antidote strebt nach eigenen Angaben eine verstärkte Zusammenarbeit mit biopharmazeutischen Unternehmen an, um Software zu entwickeln, damit die Patienten wissen, welche klinischen Studien von welchem Unternehmen durchgeführt werden und welche Auswahlkriterien für die Studienteilnahme gelten. Darüber hinaus plant Antidote, in der **Präzisionsmedizin** Fortschritte zu erzielen, indem es **Biomarker** in seinen strukturierten Datenansatz integriert.

BEISPIEL

Im Rahmen der COVID-19-Pandemie werden neu **COVID-19-Studien** in die hochmoderne Suchplattform für klinische Studien Antidote Match aufgenommen. Zum ersten Mal können Interessierte diese Plattform nutzen, um herauszufinden, ob und, wenn ja, für welche klinische Studie im Zusammenhang mit Wirkstoffen zur Behandlung und Prävention von COVID-19 sie geeignet wären, und sich entsprechend zur Verfügung stellen.

Auch die großen Technologiekonzerne sind in der F&E stark engagiert (➤ Kap. 5.2). *Apple* baut rund um iPhone und Apple Watch ein Ökosystem der klinischen Forschung auf. Insbesondere dadurch, dass Daten der Kern von KI-Anwendungen sind, kann Apple medizinischen Forschern dabei helfen, einige der mit der Interoperabilität verbundenen Herausforderungen zu überwinden.

DEFINITION

Interoperabilität

Unter Interoperabilität wird in diesem Zusammenhang die Fähigkeit verstanden, Gesundheitsinformationen über Institutionen und IT-Systeme hinweg gemeinsam zu nutzen, indem verschiedene Systeme möglichst uneingeschränkt zusammenarbeiten.

Seit einigen Jahren hat Apple mit *ResearchKit* und *CareKit* (www.apple.com/de/researchkit/) [4] zwei Open-Source-Frameworks eingeführt, um klinische Studien bei der Rekrutierung von Patienten und der Fernüberwachung ihrer Gesundheit zu unterstützen (➤ Kap. 5.2.2).

DEFINITION

Open Source

Als Open Source bezeichnet man Software, deren Quelltext öffentlich und meist kostenlos für Dritte zugänglich ist und von diesen eingesehen, genutzt und geändert werden kann.

ResearchKit ist ein Open-Source-Framework zum Entwickeln von Apps, anhand derer z. B. die Registrierung von Teilnehmern und die Durchführung von Studien vereinfacht werden soll. *CareKit* ermöglicht es Forschern und Entwicklern, Apps zu entwickeln, welche die Nutzer dabei unterstützen sollen, ihre Gesundheit(sparameter) täglich im Auge zu behalten.

BEISPIEL

- Forscher an der *Duke University* haben eine *Autism & Beyond*-App (https://autismandbeyond.researchkit.duke.edu/ch) entwickelt, welche die Frontkamera des iPhones sowie Algorithmen im Rahmen der Gesichtserkennung verwendet, um Kinder u. a. auf Autismus zu untersuchen.
- Ebenso nutzen Tausende von Menschen die *mPower*-App (https://parkinsonmpower.org/your-story), die u. a. Übungen wie Fingertippen und Ganganalyse bietet, um daraus und im Rahmen einer parallel damit einhergehenden zweijährigen Studie umfangreiche Erkenntnisse zur Parkinson-Krankheit zu erhalten.

Apple arbeitet auch mit Anbietern von Gesundheitsdienstleistungen (Krankenhäuser etc.) zusammen. Dadurch wird iPhone-Benutzern der Zugang zu all ihren elektronischen Gesundheitseinträgen ermöglicht.

BEISPIEL

Mit der App *Health Records* bietet Apple Benutzern die Möglichkeit, freiwillig ihre Daten (Medikamente, Laborergebnisse, Impfungen etc.) auf der App zu sammeln und mit Anwendungen von Drittanbietern und (je nach Land) medizinischen Forschern auszutauschen.

Dies eröffnet u. a. im Zusammenhang mit der ePA komplett neue Möglichkeiten, z. B. in Bezug auf Krankheitsmanagement, Lebensstilmonitoring etc. [6]. Auch Googles DeepVariant basiert auf einer Open-Source-DL-Technologie, welche die wahre Genomsequenz mit wesentlich höherer Genauigkeit rekonstruiert als frühere klassische Methoden.

BEISPIEL

Das *Google* KI-Tool *DeepVariant* verwendet KI-Techniken bzw. neuronale Netzwerke (➤ Kap. 3.1.4), um aus Sequenzierungsdaten ein genaueres Bild des Genoms einer Person zu erstellen [3].

Dies ist das Ergebnis von mehr als 2-jähriger Forschung des Google Brain-Teams in Zusammenarbeit mit *Verily Life Sciences* (https://verily.com/) (➤ Kap. 5.2.2). DeepVariant wandelt die Aufgabe des Variantenaufrufs, wie dieses Rekonstruktionsproblem in der Genomik heißt, in Bildklassifikationen um, was gut zu Googles vorhandener Technologie und Expertise passt.

3.3.2 Fortschritte bei der Diagnostik

Angesichts der immensen Fortschritte bei der Verwendung von KI im Rahmen der **Bilddiagnostik** kann dieser Anwendungsbereich nicht oft genug genannt werden. Eine Vielzahl von Erkenntnissen wird durch den Einsatz von KI gerade im Bereich der Bildgebung bzw. von bildgebenden Studien bei computergestützten Detektionssystemen erreicht, um u. a. retrospektiv verschiedene Anomalien näher zu beleuchten.

Dabei werden sowohl die Bilddaten als auch die zugehörigen klinischen Informationen einer genauen Analyse unterzogen. Nach Erreichen eines angemessenen Lernniveaus sind computergestützte Detektionssysteme in der Lage, auffällige Bereiche im Rahmen bildgebender Studien prospektiv zu identifizieren und eine Differenzialdiagnose zu erstellen. So können es z. B. dermatologische KI-gestützte Detektionssysteme Nicht-Dermatologen in der Primärversorgung erleichtern, Hautläsionen zu untersuchen und daraus die notwendigen Rückschlüsse auf die Diagnose zu ziehen. Ferner kann die **Analyse** von Netzhautbildern oder Sprachmustern mithilfe neuronaler Netzwerke dabei helfen, das Risiko für eine Herzerkrankung zu erkennen. Forscher bei Google nutzten ein neuronales Netzwerk, das an Netzhautbildern trainiert wurde, um kardiovaskuläre Risikofaktoren zu bestimmen (➤ Kap. 3.1.2). Die Forscher fanden heraus, dass es möglich ist, Risikofaktoren wie Alter, Geschlecht und Raucherverhalten anhand von Netzhautbildern zu identifizieren.

Die US-amerikanische FDA beschleunigt die Zulassung von KI-Software für die klinische Bildgebung und Diagnostik.

BEISPIEL

2018 genehmigte die FDA eine KI-Software, die Patienten auf diabetische Retinopathie untersucht, ohne dass eine zweite Meinung eines medizinischen Experten erforderlich ist. Die Software *IDx-DR* war in der Lage, in 87,4 % der Fälle Patienten mit „mehr als leichter diabetischer Retinopathie" und in 89,5 % der Fälle diejenigen korrekt zu identifizieren, die keine diabetische Retinopathie hatten [4].

Firmen, die sich auf KI im Zusammenhang mit Bildgebung bzw. Diagnostik spezialisiert haben, sind vermehrt am Markt zu beobachten. Teilweise sind deren Produkte auch bereits von der FDA zugelassen. Die Bandbreite der dabei angebotenen Leistungen ist groß:

- Analyse von computertomografischen (CT) Scans und Benachrichtigung der Gesundheitsdienstleister über potenzielle Schlaganfälle bei Patienten
- Erkennung von Leber- und Lungenläsionen
- Urinanalyse zur Überwachung von Harnwegsinfektionen (dabei werden die Uринteststreifen unter verschiedenen Lichtverhältnissen anhand von Kameraaufnahmen mithilfe von Algorithmen über das Smartphone analysiert, vgl. auch Beispiel in ➤ Kap. 5.1.13)

BEISPIEL
- Das *Sheba Medical Center* in Israel hat einen Algorithmus zur Bildrekonstruktion entwickelt, der die Strahlenbelastung eines herkömmlichen Brustkorb-CT auf 4 % reduzieren kann und sich für die jährliche Untersuchung von Rauchern mit hohem Lungenkrebsrisiko eignen könnte.
- Die *Mayo Clinic* arbeitete mit *Vocalis Health* (https://vocalishealth.com/) zusammen, einem israelischen Start-up-Unternehmen, das akustische Merkmale der Stimme analysiert, um bei Patienten mit koronarer Herzkrankheit (KHK) eindeutige Stimmmerkmale zu identifizieren oder bei der Diagnose von COVID-19 zu unterstützen. Die Studie fand zwei Stimmmerkmale, die stark mit KHK assoziiert waren, wenn Probanden ein emotionales Erlebnis beschrieben.

Die Gesundheitsbranche erzeugt große Datenmengen, die u. a. auf die Pflicht zur Dokumentation und zur Aufbewahrung von Aufzeichnungen, die Einhaltung von Vorschriften und behördlichen Auflagen sowie die Patientenversorgung zurückzuführen sind. Diese Datenfülle kann analysiert werden, um bislang nicht erkannte Trends zu identifizieren und diese Erkenntnisse auf Daten bzw. Gesundheitsentwicklungen in ganzen Populationen zu übertragen bzw. eine Person mit anderen Personen mit ähnlicher Vorgeschichte zu vergleichen. KI-fähige datenwissenschaftliche Instrumente können die Versorgung durch klinische Vorhersagen auf der Grundlage von Entwicklungen, die bei ähnlichen Fällen festgestellt wurden, verbessern.

Die Risiken eines Patienten könnten durch **große Datenpools**, welche die klinische Entscheidungsfindung und den Betrieb des Gesundheitssystems verbessern, genauer stratifiziert werden. Prädiktive Analysen, die große Datenmengen nutzen, werden in Zukunft ein unverzichtbares Instrument bei der Diagnose und Verbesserung der Resultate für den Patienten werden.

HINTERGRUNDWISSEN
In diesem Zusammenhang sind Genomanalysen in Bezug auf Krankheitsveranlagung als Eckpfeiler der **Präzisionsgesundheit** (engl. „precision health") zu nennen. Dabei handelt es sich um einen neuen Ansatz, der auf die Verbesserung der Gesundheit des Einzelnen fokussiert und das zukünftige Gesundheitswesen stark prägen wird (vgl. These 4 in ➤ Kap. 5.1.4).

Eine frühzeitige Diagnose und Vorbeugung zukünftiger Krankheiten durch Wellbeing- und Präventionsmaßnahmen sind hier maßgeblich (➤ Kap. 3.3.3, ➤ Kap. 3.3.4 und These 5 in ➤ Kap. 5.1.5). Auf der Grundlage von integrierten KI-Technologien kombi niert Precision Health Fortschritte in der genomischen Medizin mit einer verbesserten Erfassung von Daten, die mithilfe von verschiedensten elektronischen Gesundheitsaufzeichnungen, Wearables, Sensoren und anderen Geräten erhoben wurden.

Zur Diagnosestellung gehört nicht nur die Bewertung klinischer Informationen, sondern auch die Analyse von Daten, die den Lebensstil eines Patienten, seine biometrischen Daten sowie genetische und sozioökonomische Aspekte berücksichtigen. Genomische Informationen des Patienten können u. a. dazu verwendet werden, um einen **personalisierten Behandlungsplan** mit dem Ziel der Optimierung des klinischen Ergebnisses zu entwerfen.

Die Fähigkeit, ein zukünftiges Gesundheitsrisiko zu erkennen und mit präventiven Maßnahmen einzugreifen, wird einen **Paradigmenwechsel in der Gesundheitsversorgung** einleiten. Es ist wahrscheinlich, dass sich die verschiedenen Stakeholder des Gesundheitswesens in Zukunft zunehmend darauf konzentrieren, gesunde Personen proaktiv einer Beobachtung zu unterziehen, Präventiv- und Wellbeing-Maßnahmen durchzuführen und diese insbesondere für Risikopersonen zu managen. Diese präzisen Gesundheitsmodelle werden durch ML, KNN und NLP unterstützt werden.

3.3.3 Unterstützung bei medizinischen Entscheidungen

KI-basierte Lösungen, die für jeden Patienten relevantes medizinisches Wissen abrufen und strukturiert darstellen, können auch Ärzten bei der Entscheidung über die beste Behandlungsoption helfen; das spart Zeit und kann zu einem umfassenderen evidenzbasierten Entscheidungsprozess führen.

BEISPIEL

In diesem Bereich arbeitet die Firma *Jvion* (https://jvion.com/) mit Anbietern wie Geisinger, Northwest Medical Specialties und dem *Onslow Memorial Hospital* in den USA zusammen. Jvions Fallstudien beleuchten den erfolgreichen Einsatz von ML bei der Identifizierung eingewiesener Patienten, bei denen das Risiko einer Wiederaufnahme innerhalb von 30 Tagen nach dem Krankenhausaufenthalt besteht.

Fachleute des Gesundheitswesens können Jvions Empfehlung nutzen, um den Patienten über tägliche Präventivmaßnahmen aufzuklären. Bei der zugrunde liegenden **Risikoeinschätzung** werden die Gesundheitsdaten des Patienten anhand von Algorithmen mit Daten zu sozioökonomischen Faktoren (z. B. Einkommen), Gesundheit (Transportfähigkeit nach Krankenhausaufenthalt) und Complianceverlauf im Sinne von behandlungskonformen persönlichen Verhaltensweisen etc. gegenübergestellt und ausgewertet.

BEISPIEL

So bietet die deutsche Firma *Siemens Healthineers* in ihrem KI-Portfolio im Bereich der klinischen Entscheidungsfindung u. a. Lösungen zur Nachverarbeitung von Röntgenbildern und Organkonturierung an. Auch Bildanalyseverfahren für die diagnostische Unterstützung bei der Betrachtung, Analyse und Beurteilung von magnetresonanztomografischen (MRT) Scans des Kopfes gehören dazu.

Dabei werden unterschiedliche Hirnstrukturen automatisch segmentiert bzw. mithilfe von DL-Algorithmen werden automatisch **Anomalien** markiert, Anatomien segmentiert und analysiert. Danach erfolgt ein Abgleich der Ergebnisse mit einer normativen Datenbank. Die Ergebnisse werden grafisch und in Zahlenwerten dargestellt. So kann z. B. die klinische Diagnose von Demenz-Unterformen unterstützt werden.

BEISPIEL
Qventus (https://qventus.com/) ist eine Echtzeit-Entscheidungsmanagement-Plattform zur Optimierung von Entscheidungen in Krankenhäusern, die auch in Bezug auf COVID-19 zum Einsatz kommt.

Die Plattform verbessert die Effizienz der Entscheidungen sowie die Zufriedenheit der Patienten und des behandelnden Personals. Nach eigenen Angaben von Qventus konnte dadurch das *Mercy Hospital* in Arkansas innerhalb von 4 Monaten eine Reduzierung unnötiger Labortests um 40 % verzeichnen. Der Algorithmus verglich das Verhalten von Ärzten, die Tests anordneten, auch wenn diese nicht unbedingt notwendig waren, mit dem Verhalten von Ärzten, die Patienten mit der gleichen Erkrankung und weniger Tests behandeln.

BEISPIEL
Das britische *Moorfields Eye Hospital* und *DeepMind* von Google starteten eine Partnerschaft, um zu untersuchen, wie ML und KI die medizinische Forschung zu Augenkrankheiten (einschließlich altersbedingter Makuladegeneration und Sehkraftverlust als Folge von Diabetes) unterstützen können.

Das gemeinsame Team nutzte Tausende von anonymisierten Augenscans, um Algorithmen zu trainieren, mit denen Anzeichen von Augenkrankheiten erkannt und Überweisungen oder Behandlungen empfohlen werden können. Im Jahr 2018 zeigten die Ergebnisse, dass die KI bei der Diagnose einer Reihe von Erkrankungen mit weltweit führenden Experten mithalten und bei mehr als 50 Augenkrankheiten mit einer **Genauigkeit von 94 %** die richtige Überweisungsentscheidung treffen konnte [5].

Eine weitere schwierige und zeitraubende Aufgabe besteht darin, die bestmögliche Therapie zu bestimmen und unerwünschte Nebenwirkungen zu vermeiden. **Ärztliche Behandlungspläne** sind daher ein weiterer wichtiger Bereich, in dem KI eingesetzt wird. Behandlungspläne können oft komplex sein.

HINTERGRUNDWISSEN
Das Lesen und Assimilieren aller aktuellen Informationen (z. B. aus klinischen Studien) und der vielen verschiedenen Faktoren wie verfügbare Behandlungsmodalitäten etc., die es zu berücksichtigen gilt, ist eine enorme und extrem zeitaufwendige Aufgabe, die das medizinische Personal vor erhebliche Herausforderungen stellt.

Demgegenüber kann ein Computer mit ML und NLP tausende Seiten von Studienergebnissen in Bezug auf einen spezifischen Behandlungsfall analysieren und interpretieren. Der Arzt kann darauf aufbauend den Behandlungsplan für einen bestimmten Patienten aus der Computeranalyse der Studiendaten ableiten.

Alternativ hierzu hat sich ML in Verbindung mit NLP in ersten Anwendungen als sehr wertvoll erwiesen, da auf diese Weise computergestützte Behandlungspläne **in Minuten-** **oder** sogar **Sekundenschnelle** erstellt werden können, im Vergleich zu den Stunden, die ein menschliches medizinisches Team dafür benötigen würde. Befragte in klinischen Studien zu Prostatakrebs, die ML-generierte Behandlungspläne mit den von menschlichen Experten erstellten Plänen verglichen, stuften die **ML-Pläne als gleichwertig** ein. Darüber hinaus hatten die meisten Befragten Schwierigkeiten, zwischen Plänen, die von menschlichen Experten und solchen, die von ML-Systemen erstellt worden waren, zu unterscheiden [6].

3.3.4 Aktive Gesundheitsprävention und Wellbeing

Die Befähigung von Patienten, sich selbst um ihre Gesundheit und ihr Wohlbefinden zu kümmern, hat zu zahlreichen digitalen Anwendungen geführt. Diese Anwendungen zielen darauf ab, Menschen dabei zu unterstützen, ein gesünderes Leben zu führen. So kann KI bei der Überwachung des Lebensstils helfen, indem sie z. B. die Herzfrequenz und das Aktivitätsniveau durch tragbare Gesundheitstracker wie die von *Fitbit, Apple, Garmin* und anderen berechnet. Ferner lässt sich mittels KI die Medikamenteneinnahme von Patienten überwachen; Warnmeldungen über schwerwiegende gesundheitliche Zustände können sofort an das Pflegepersonal oder den Arzt gesendet werden.

BEISPIEL

Plattformen bzw. Apps wie *Morpheo, Respiro, Vici, Kardia* bzw. von Firmen wie *Ginger, Neurotrack* oder *Clew Medical*, sind einige Beispiele dafür, wie breit gefächert KI in diesem Bereich Anwendung findet.

- Das französisch-amerikanische Neurotechnologie Start-up *Rythm* bzw. *Dreem* (https://dreem.com/) hat die KI-Plattform *Morpheo* entwickelt, die bei der Diagnose von **Schlafstörungen** hilft. Morpheo sammelt die Daten und führt eine automatische diagnostische Analyse durch, was Kliniken hunderte von Analysestunden erspart.
- Bei der *Respiro*-Plattform *Amiko* (https://amiko.io/) geht es um das digitale Management von **Atemwegserkrankungen** unter Verwendung von Sensoren und KI-Technologien. Die Sensoren werden mit einer mobilen Anwendung gebündelt, die Sensordaten über Bluetooth empfängt und einfache Metriken und personalisierte Unterstützung zur Verbesserung der Krankheitsbekämpfung bietet.
- *InTouch Health* brachte *Vici* (https://intouchhealth.com/telehealth-devices/intouch-vici/?gdprorigin=true) auf den Markt, das die **Arzt-Patient-Verbindung** an jedem Versorgungspunkt zwischen Krankenhaus und zu Hause ermöglicht. Dies führt zu einer verbesserten Kommunikation, indem z. B. eine Verbindung zu einer qualifizierten Pflegeeinrichtung oder zu einer Kontrolluntersuchung bei einem postakuten Patienten, der sich zu Hause erholt, hergestellt werden kann.
- Das am *Massachusetts Institute of Technology (MIT) Media Laboratory* gegründete Start-up *Ginger* (www.ginger.io/) bietet eine umfassende und personalisierte Versorgung für die **mentale Gesundheit**. Das Rund-um-die-Uhr-Angebot umfasst u. a. Beratung für jedermann anhand von (Video-)Chats und Nachrichten mit zugelassenen Therapeuten oder Psychiatern.

- *Neurotrack* (https://neurotrack.com/) hat eine App zur Prävention bzw. Unterstützung der Vorhersage der **Alzheimer-Krankheit** entwickelt. Die webbrowserbasierte App ermöglicht es den Benutzern, einen 5- bis 30-minütigen Test auf ihrem Computer zu absolvieren, bei dem die App Augenbewegungen verfolgt, um einen Zusammenhang mit einer möglichen Alzheimer-Erkrankung herzustellen.
- *AliveCor* (https://alivecor.com/) hat *KardiaMobile* entwickelt, ein **persönliches EKG**-Gerät, das den Herzrhythmus überwachen und Vorhofflimmern, Bradykardie oder Tachykardie sofort erkennen und dem medizinischen Personal melden kann. Die Patienten zeichnen ihr persönliches EKG mit KardiaMobile in Kombination mit der Kardia-App auf; sie können die Daten damit über die Zeit verfolgen und die EKG-Aufzeichnungen direkt mit ihrem Arzt besprechen.
- Die Plattform für **prädiktive KI-Analyse** von *Clew Medical* (https://clewmed.com/) verhindert lebensbedrohliche Komplikationen bei Hochrisikopatienten auf Intensivstationen. Sie verwendet Echtzeitdaten zur Erstellung patientenspezifischer Risikoprognosen und zeigt die Informationen in einer Dashboard-App an.

3.3.5 Patient Self-Service, Choice Architecture und virtuelle Gesundheitsassistenten

Eine stärkere Einbeziehung der Patienten in ihre Gesundheitsversorgung führt zu besseren Gesundheitsergebnissen. Es wird erwartet, dass KI-basierte Fähigkeiten sehr effektiv bei der Gestaltung einer personalisierten Patientenversorgung eingesetzt werden können. In diesem Zusammenhang wird zunehmend Wert auf die Nutzung von KI gelegt, um auf die jeweiligen Bedürfnisse des Patienten abgestimmte, maßgeschneiderte Konzepte zu erstellen.

HINTERGRUNDWISSEN

Patient Self-Service ist z. B. ein Modell, bei dem Wahlmöglichkeiten und Einfachheit im Vordergrund stehen, indem die Patienten Aufgaben wie Terminplanung, Bezahlung von Rechnungen und das Ausfüllen oder Aktualisieren von Formularen schnell und einfach selbst erledigen können.

Die Patienten können dazu Mobiltelefone, Tablets und Laptops verwenden, um diese Aufgaben zu Zeiten und an Orten auszuführen, die in ihren Zeitplan passen. Sogenannte intelligente Selbstbedienung nutzt mehrere KI-Technologien wie ML und NLP, indem Informationen analysiert, Patientenerfahrungen angepasst und Prozesse beschleunigt werden, um Komfort und Effizienz zu steigern.

HINTERGRUNDWISSEN

In zunehmendem Maße werden auch **interaktive Online-Portale mit Chatbots** für Patienten entwickelt, um die oben erwähnten Aufgaben sowie das Nachführen von Medikamenten zu erledigen.

Chatbots verwenden z. B. NLP oder sog. **Emotion AI**, bei der Daten aus Gesichtern, der Körpersprache und Stimme gesammelt werden, um ein interaktives Erlebnis zu schaffen. In einigen Fällen wird eine Bildanalyse hinzugefügt, um Strichcodes, Fotos oder handschriftliche Notizen zu lesen. Diese Arten von Benutzeroberflächen schaffen ein personalisiertes Erlebnis und sind rund um die Uhr verfügbar.

Intelligente Schnittstellen helfen den Anbietern von Gesundheitsleistungen dabei, Potenzial für weitere Anwendungsbereiche und Methoden zur Steigerung der Patientenzufriedenheit zu entwickeln. Damit eng zusammenhängend ist zu erwähnen, dass Patient Self-Service auch dazu beitragen kann, den Betrieb des Anbieters zu rationalisieren, indem Patienten auf der Grundlage vordefinierter Regeln an andere Dienstleister weitergeleitet werden. So können sich die Gesundheitsteams auf eine ausgewählte Gruppe von Patienten konzentrieren, die einen höheren Bedarf an den angebotenen Dienstleistungen haben.

HINTERGRUNDWISSEN

Eine weitere immer populärer werdende Anwendung ist der KI-basierte **persönliche Gesundheitsassistent**. Dieser stellt den Benutzern – angepasst an ihre jeweiligen Bedürfnisse und Anfragen – über einen **Chatbot** Informationen über Krankheiten, gesundheitsbezogene Suchanfragen und Gesundheitsdienstleistungen zur Verfügung. Der Patient wird dadurch angeregt, in Bezug auf seine Gesundheit eine aktive Rolle einzunehmen (➤ Kap. 3.3.4 und These 5 in ➤ Kap. 5.1.5).

Bislang waren das fehlende Engagement und die mangelnde Mitarbeit der Patienten oftmals ein Hindernis für das **Erreichen optimaler Gesundheitsergebnisse**. Leistungserbringer und Krankenhäuser nutzen ihr klinisches Fachwissen, um einen Versorgungsplan zu entwickeln, der den Gesundheitszustand eines chronisch oder akut erkrankten Patienten verbessert. Wenn der Patient die erforderlichen Verhaltensanpassungen jedoch nicht umsetzt, ist es unwahrscheinlich, dass diese Ziele erreicht werden.

HINTERGRUNDWISSEN

Daher liegt ein immer wichtiger werdender Schwerpunkt im Gesundheitswesen auf der effektiven Gestaltung einer **Choice Architecture**, die darauf abzielt, das Verhalten von Patienten auf der Grundlage von Erkenntnissen aus der Praxis proaktiver und sanfter zu stimulieren.

Mithilfe von Informationen, die von ePAs, Biosensoren, Uhren, Smartphones, Konversationsschnittstellen und anderen Technologien zur Verfügung gestellt werden, kann KI maßgeschneiderte Empfehlungen anbieten, indem sie Patientendaten mit anderen effektiven Behandlungspfaden vergleicht. Diese Empfehlungen können an Leistungserbringer, Patienten, Pflegepersonal oder Koordinatoren von Pflegeleistungen weitergegeben werden.

BEISPIEL

Sensely (www.sensely.com/product/) bietet eine App-basierte virtuelle Krankenschwester-Assistentin, die mit Patienten kommuniziert und klinische Beratung und Dienstleistungen anbietet. Die KI-gestützte Assistentin versteht Patientenanfragen im Zusammenhang mit mehreren Krankheiten und gibt Antworten per Sprache oder Text.

Die virtuelle Assistentin kann die Bedürfnisse der Patienten einschätzen, sofort die adäquate Behandlung aufrufen und darüber hinaus einen Termin zum Start einer telemedizinischen Konsultation buchen.

3.3.6 Sicherstellung „intelligenter" Versorgungsketten

Der Anwendungsbereich von KI erstreckt sich auch auf die Versorgungsketten im Gesundheitswesen, wie z. B. das Bestandsmanagement oder den Wareneinkauf bei Krankenhäusern, wodurch Betriebs- und Verwaltungskosten gesenkt werden können. Die Planung und Optimierung der Versorgungskette, einschließlich der Nachfrageprognose, gehören dabei zu den Schlüsselbereichen, für die Verwendung von KI.

BEISPIEL

Das Joint Venture *idsMED WeDoctor China* von WeDoctor und der idsMED Group (www.idsmed. com/) stellt die Gründung eines der ersten chinesischen Unternehmen im Bereich intelligente medizinische Lieferkettenlösungen und Beschaffung dar.

idsMED WeDoctor nutzt KI und Big Data, um u. a. digitale und mobile Gesundheitsdienste für ihre registrierten Patienten bereitzustellen. Das Hauptziel der Partnerschaft ist es, Qualität zu verbessern und eine gute Gesundheitsversorgung einer breiten Öffentlichkeit zugänglich zu machen.

BEISPIEL

- *Sutter Health* (www.sutterhealth.org/) arbeitet mit *Qventus* (https://qventus.com/) zusammen, um seine KI-Plattform zur Verbesserung der Patientenversorgung und der Verwaltung von **Apothekenbeständen** zu nutzen. Die Plattform unterstützt u. a. bei der Rationalisierung von Apotheken-Workflows und Inventaraufnahmen in Echtzeit.
- Das Schweizer Unternehmen *Swisslog* (www.swisslog.com/) automatisiert die Entscheidungsfindung und optimiert die mit der **Lagerverwaltung** verbundenen Wege. Es verfolgt die täglichen pünktlichen Lieferungen und optimiert die Lagerbestände, um die Lieferkette zu verbessern.
- Das *University of Pittsburgh Medical Center (UPMC)* hat *Pensiamo* (www.upmc.com/media/ news/pensiamo) gegründet, ein unabhängiges Unternehmen, das Krankenhäusern helfen soll, die Leistung der **Lieferkette** durch ein umfassendes Source-to-Pay-Angebot zu verbessern, einschließlich kognitiver Analysen mit IBM Watson Health-Technologien.

Das Unternehmen soll Krankenhäusern dabei helfen, Kosten zu sparen und bei der Bestellung von Verbrauchsmaterial effektiver zu werden. Geschätzt kann dadurch rund ein Drittel der Gesundheitsausgaben eingespart werden. IBM Watson wird hochentwickelte Analysen bereitstellen, um eine Reihe von Prozessen, einschließlich des Einkaufs, zu rekonfigurieren und bestmöglich zu automatisieren. Das System bezieht dabei strukturierte Daten wie elektronische Krankenakten, veröffentlichte klinische Forschungsergebnisse und sogar unstrukturierte Daten wie Arztnotizen mit ein.

3.3.7 Effizienzsteigerung durch Optimierung administrativer und operativer Abläufe

KI-basierte Lösungen können die verschiedensten Stakeholder im Gesundheitswesen auch im administrativen Bereich auf mannigfaltige Weise unterstützen. So kann KI z. B. dabei helfen, Krankenakten bzw. klinische Daten von Patienten auszuwerten, sodass diese

Ergebnisse u. a. von Krankenkassen schnell abgerufen und bewertet werden können, um die infrage kommenden Krankenversicherungsleistungen für den Versicherten zu bestimmen. Diese Maßnahmen können dazu beitragen, die Effizienz des Gesundheitswesens zu steigern und die Gesamtkosten der Versorgung zu senken.

BEISPIEL

Nuance Communications (www.nuance.com/index.html) ist eine Partnerschaft mit *Epic* (www.epic.com/) eingegangen, um seine KI-basierte virtuelle Assistentenplattform in die elektronischen Gesundheitsakten von Epic zu integrieren.

Ziel von Epic war es, die **Effizienz und Produktivität** der Leistungserbringer in verschiedenen Krankenhausbereichen zu **steigern**. KI-basierte virtuelle Assistenten helfen Ärzten dabei, Patientendaten sofort zu erfassen, zu speichern und bei Bedarf abzurufen. Computergestützte Arztdokumentation ermöglicht es, die KI-Technologie zudem als Ergänzung zu Spezialistenteams für klinische Dokumentation einzusetzen, um 100 % der Patientenfälle effizienter zu analysieren und Verbesserungsmöglichkeiten zu dokumentieren, alle Kostenträger zu durchleuchten und rund um die Uhr Support zu leisten.

BEISPIEL

Amelia (https://amelia.com/) ist eine virtuelle Assistentenplattform, die Lernfähigkeiten und Elemente der emotionalen Intelligenz demonstriert. Sie kann Aufgabenmanagement mithilfe der dialogorientierten KI durchführen und einige operative und administrative Krankenhausprozesse verwalten.

Amelia tritt dabei an die Stelle eines Pflegeprotokolls und hilft bei der Dokumentation eines Patientenbesuchs, bei der Aufnahme von Patienten, beim Abrufen der Krankengeschichte vor einem Gespräch, bei der Überprüfung der Verfügbarkeit von Krankenhausbetten, beim Abrufen von Laborergebnissen und bei der Planung von Facharztterminen.

HINTERGRUNDWISSEN

Die **KI-basierten Gesundheitsassistenten** lernen kontinuierlich mit jeder abgeschlossenen Aufgabe und können über Sprache anhand von u. a. Mobiltelefon, Internet und mittels Chat kommunizieren.

KI-unterstützte Datenanalysen werden zukünftig auch eine immer größere Bedeutung für ein **effizientes und profitables Management des Gesundheitssystems** auf allen Ebenen erlangen. So lässt sich z. B. durch die Analyse von Leistungskennzahlen eine Verbesserung der betrieblichen Effizienz und eine Reduktion der Kosten vom **Front-End- bis zum Back-End**-Büro und überall dazwischen erreichen. Schon heute haben unzählige Organisationen ihre Rentabilität durch die Optimierung des Ertragszyklus gesteigert. Eine systematische Auswertung klinischer Dokumentation auf der Grundlage von Datenanalysen könnte z. B. jährlich nicht in Anspruch genommene Budgets aufdecken. Daneben gibt es eine weitere Vielzahl von administrativen Anwendungen im Gesundheitswesen.

HINTERGRUNDWISSEN

Der Einsatz von **KI im administrativen** Bereich des Gesundheitswesens ist im Vergleich zur Patientenversorgung etwas weniger revolutionär, kann aber erhebliche Effizienzsteigerungen ermöglichen. Diese sind notwendig, weil Angehörige der Gesundheitsberufe heutzutage einen Großteil ihrer Arbeitszeit für administrative Tätigkeiten aufwenden müssen.

Ein Verfahren, das für dieses Ziel am ehesten relevant sein dürfte, ist die robotergestützte Prozessautomatisierung (RPA) (➤ Kap. 3.3.8), die für eine Vielzahl von Anwendungen im Gesundheitswesen eingesetzt werden kann, u. a. bei der Bearbeitung von Ansprüchen, bei der Dokumentation, für Einnahmen bzw. Antrags- und Zahlungsverwaltung oder für die Verwaltung medizinischer Unterlagen. Insbesondere fehlerhafte bzw. unberechtigte Ansprüche stellen ein erhebliches finanzielles Problem für Gesundheitsdienstleister dar. Zuverlässige automatisierte Identifizierung, Analyse und Korrektur bzw. Datenabgleich und Anspruchsprüfungen können dazu beitragen, dass alle Beteiligten viel Zeit, Geld und Arbeitsaufwand einsparen.

KI kann das Forderungsmanagement stärken, indem sie systematisch Fehler identifiziert und korrigiert.

BEISPIEL

Die *Zurich Versicherung* hat bereits in Teilbereichen KI eingesetzt, z.B. bei der Auswertung von medizinischen Berichten oder bei der Risikobewertung künftiger Großkunden.

KI verkürzt die Bearbeitungszeit von Schadensfällen von Stunden auf Sekunden und liefert fehlerfreie Dienstleistungen. Ferner kann sie auch Fälle von überflüssigen oder ungenauen Zahlungen identifizieren und überwachen, um so die Zahlungsintegrität zu wahren.

HINTERGRUNDWISSEN

KI-basierte Anwendungen können die Beschäftigten bei Terminplanung, Krankenhausaufnahmen und -entlassungen, Kapazitätsmanagement, Optimierung von Prozessen im Operationssaal und in der Notaufnahme wie auch bei der Verlegung von Patienten zwischen Diagnostikabteilungen und Station unterstützen und somit **operative Abläufe** entscheidend optimieren.

Solche Anwendungen können die Wartezeiten erheblich verkürzen, Kosten senken und die Transparenz erhöhen, was u. a. zu einer größeren Zufriedenheit bei Patienten und Mitarbeitern im Gesundheitssektor führt.

BEISPIEL

- *Enlitic* (www.enlitic.com/), mit Sitz in San Francisco, ist ein medizinisches DL-Unternehmen, das mit NLP ein aussagekräftiges Verständnis von medizinischen Texten und Bildern ermöglicht und so Organisationen in die Lage versetzt, ihre Datenbestände zu operationalisieren und zu kommerzialisieren.
- *Tagnos* (www.tagnos.com/) bietet eine KI-gestützte klinische Logistik-Automatisierungsplattform zur Rationalisierung des Patientenflusses in Kliniken etc. Die Plattform wird zum Tracking von Patienten und Mitarbeitern, aber auch von medizinischen Geräten und Anlagen überall im Krankenhaus eingesetzt und kann somit Sicherheit gewährleisten.

3.3.8 Robotik und robotergestützte Prozessautomatisierung

Roboter (➤ Kap. 2.1.4) sind dafür bekannt, dass sie vordefinierte Aufgaben wie z. B. Heben und Neupositionieren ausführen, Gegenstände an Orten wie Fabriken und Lagerhäusern zusammenbauen und die Warenverteilung innerhalb von Krankenhäusern übernehmen können. In letzter Zeit arbeiten Roboter, u. a. aufgrund des Einsatzes von KI, immer mehr mit Menschen zusammen. Sie lassen sich leicht trainieren, indem man sie durch die gewünschten Aufgaben bewegt, und werden auch immer intelligenter, da verschiedene KI-Fähigkeiten in ihre Betriebssysteme integriert werden.

BEISPIEL

So wurde im Rahmen der **COVID-19-Pandemie** der Einsatz von Robotern in verschiedenen Kliniken weltweit getestet, um **virtuelle Patientenvisiten** durchzuführen. Über den auf dem Roboter platzierten Bildschirm mit Kamera konnte das medizinische Personal mit dem Patienten kommunizieren und sich über dessen Gesundheitszustand austauschen, ohne sich im selben Raum zu befinden.

Das Risiko von Infektionen durch direkten Arzt-Patient-Kontakt konnte so minimiert werden. Empfehlenswert ist ein solches Vorgehen auch bei Visiten, bei denen Ärzte aus externen Kliniken als Spezialisten zugeschaltet werden, oder wenn – wie aktuell in der COVID-19-Pandemie der Fall – medizinisch dringend benötigtes Personal **quarantänebedingt nicht direkt vor Ort** sein kann.

Zunehmendes Interesse findet die robotergesteuerte Prozessautomatisierung (engl. „Robotic Process Automation", RPA), die den Einsatz von Software mit KI und ML-Fähigkeiten in sich vereint.

DEFINITION

Robotergesteuerte Prozessautomatisierung (RPA)

Bei der RPA handelt es sich um Softwareroboter. RPA zeichnet sich insbesondere dadurch aus, dass sie wiederholbare Aufgaben mit großer Schnelligkeit bearbeiten kann. RPA lässt sich auch mit anderen Technologien wie der Bilderkennung kombinieren; z. B. können Daten aus Bildern extrahiert werden.

Mittels RPA-Technologie wird ein menschlicher Arbeiter imitiert, der sich in eine Anwendung einloggt, Daten darin eingibt, Aufgaben bearbeitet und sich dann wieder abmeldet. Im Gesundheitswesen bietet sich dieses Vorgehen insbesondere für sich wiederholende Aufgaben wie u. a. die Aktualisierung von Patientenakten, Kontoführung und Rechnungsstellung, Reklamationen und Reporting an (➤ Kap. 3.3.7).

Auch Chirurgieroboter sind vermehrt im Einsatz und unterstützen seit der Jahrtausendwende z. B. in den USA immer öfter Chirurgen bei verschiedensten operativen Eingriffen, etwa im Bereich der Gynäkologie, der Prostata- sowie Kopf- und Halschirurgie.

HINTERGRUNDWISSEN

Ein weiterer Schlüsselbereich für die robotergestützte Prozessautomatisierung ist die Verlagerung weg von linearen Lieferketten hin zu offenen, dynamischen und miteinander verbundenen **digitalen**

Liefernetzwerken (engl. „Digital Supply Network", DSN). DSNs nutzen eine Vielzahl von digitalen Technologien wie Sensoren, RPA, Blockchain und fortschrittliche Analytik, um eine größere Produktsichtbarkeit, Rückverfolgbarkeit und Bestandskontrolle zu gewährleisten.

Unternehmen profitieren von datengesteuerten Lieferketten, bei denen ML auf Produktionsdaten angewendet wird. So werden Modelle für die Einhaltung von Vorschriften und das Management von Qualitätsrisiken erstellt, die Ausfälle und Konformitätsprobleme vorhersagen helfen. Darüber hinaus können RPA und NLP die Erstellung und Ablage von Konformitätsberichten automatisieren.

Auch im Rahmen von Zell- und Gentherapien findet RPA Anwendung. Hier können fortgeschrittene Analytik- und Workflow-Automatisierung durch RPA zu einer nahtlosen Koordinierung der Sammlung von Patientenzellen, der Herstellungskapazitäten, der Kühlkettenlogistik und der Lieferung des Produkts an das Transfusionszentrum führen.

3.4 Fazit

Wie in den einzelnen Abschnitten dieses Kapitels exemplarisch dargestellt, ist der Einsatz von KI im Gesundheitswesen in einer schier **unbegrenzten Zahl von Anwendungsmöglichkeiten** denkbar und wird teilweise bereits umgesetzt. Dies ist zwar mit vielen **Herausforderungen** (➤ Kap. 3.2) verbunden, doch die sich bietenden Möglichkeiten und dadurch bedingten **Vorteile für alle Stakeholder** innerhalb und außerhalb des Gesundheitswesens überwiegen.

KI kommt noch nicht in allen Ländern gleichermaßen häufig zum Einsatz (➤ Kap. 2.3). Dieser Umstand, gepaart mit der Schwierigkeit, KI in z. B. klinische Arbeitsabläufe und ePA-Systeme zu integrieren, ist in gewissem Maße dafür verantwortlich, dass die Auswirkungen z. B. auf Arbeitsplätze (➤ Kap. 3.2.1) noch kaum spürbar sind. Zudem ist damit zu rechnen, dass von einer Automatisierung nicht in erster Linie Arbeitsplätze mit direktem Patientenkontakt betroffen sein werden, sondern vor allem solche, bei denen verstärkt digitale Informationen und automatisierte Prozessabläufe eine Rolle spielen.

Wichtig ist es hervorzuheben, dass **KI das Gesundheitspersonal** grundsätzlich bei dessen Tätigkeiten **aktiv unterstützen**, es aber in der nahen Zukunft **nicht gänzlich ersetzen** wird. So werden vorerst weiterhin z. B. bildgesteuerte medizinische Eingriffe durch den Arzt ausgeführt und die technischen Parameter der durchzuführenden bildgebenden Untersuchungen überprüft und festgelegt. Essenziell ist, dass sich Ärzte über die aus der Anwendung von KI resultierenden Bildgebungsbefunde vorerst weiterhin von Mensch zu Mensch austauschen werden, um u. a. die endgültige Diagnose zu stellen und über die bestmögliche Behandlung zu entscheiden.

Unbestritten ist aber, dass Computerprogramme mit KI bei der Vorabanalyse von z. B. Röntgenbildern **schneller zu Ergebnissen** kommen können als Ärzte und es sich daher anbietet, diese Aufgabe dauerhaft mit KI auszuführen, um dann die finale Auswertung und die daraus resultierenden Schritte von Menschen vornehmen zu lassen. Die durch den richtigen Einsatz von KI **eingesparten Zeitressourcen** können dann dem **Arzt-Patient-Verhältnis zugutekommen.**

Auch wenn z. B. mit DL erhebliche Fortschritte erzielt werden können, ist davon auszugehen, dass sich **KI in einigen klinischen Bereichen nur langsam durchsetzen** wird. Ein Grund ist darin zu sehen, dass DL-Lernmodelle zwar für spezifische Bilderkennungsaufgaben trainiert werden – z. B. Knötchendetektion in CT-Aufnahmen des Brustkorbs (Thorax) oder Nachweis von Blutungen bei MRT-Aufnahmen des Gehirns –, dass aber Tausende solcher eng umschriebenen Erkennungsaufgaben notwendig sind, um alle potenziellen Befunde in medizinischen Bildern vollständig zu identifizieren.

Darüber hinaus sind die meisten klinischen Abläufe noch **weit davon entfernt**, für den Einsatz KI-basierter Anwendungen **vollständig alltagstauglich** zu sein. Zudem sind auch noch nicht alle gesetzlichen Rahmenbedingungen geschaffen worden, um KI in allen Bereichen des Gesundheitswesens schon jetzt unbegrenzt einsetzen zu können.

Dies sollte aber **nicht als Hindernis**, sondern vielmehr als **Ansporn** dafür verstanden werden, den Einsatz von KI im Gesundheitswesen aktiv zum Wohl des Patienten, der Allgemeinheit und der Wettbewerbsfähigkeit eines Landes voranzutreiben.

QUELLEN
[1] „Empfehlungen der Datenethikkommission für die Strategie Künstliche Intelligenz der Bundesregierung", 9.10.2018, www.bmi.bund.de/SharedDocs/downloads/DE/veroeffentlichungen/themen/it-digitalpolitik/datenethikkommission/empfehlungen-datenethikkommission.pdf;jsessionid=2916A0483EA8B6816B0F19252577C13B.2_cid287?__blob=publicationFile&v=2 (letzter Zugriff: 9.11.2020).
[2] Europäische Kommission, Mitteilung der Kommission an das Europäische Parlament, den Europäischen Rat, den Rat, den Europäischen Wirtschafts- und Sozialausschuss und den Ausschuss der Regionen, „Künstliche Intelligenz für Europa", 25.4.2018, https://eur-lex.europa.eu/legal-content/DE/TXT/PDF/?uri=CELEX:52018DC0237&from=DE (letzter Zugriff: 9.11.2020).
[3] Google Blog, „DeepVariant: Highly Accurate Genomes With Deep Neural Networks", 4.12.2017, https://ai.googleblog.com/2017/12/deepvariant-highly-accurate-genomes.html (letzter Zugriff: 9.11.2020).
[4] FDA News Release, 11.8.2018, www.fda.gov/news-events/press-announcements/fda-permits-marketing-artificial-intelligence-based-device-detect-certain-diabetes-related-eye (letzter Zugriff: 9.11.2020).
[5] Moorfields Eye Hospital NHS Foundation Trust, 18.9.2019, www.moorfields.nhs.uk/content/breakthrough-ai-technology-improve-care-patients (letzter Zugriff: 9.11.2020).
[6] Nicolae A, Morton G, Chung H, et al. Evaluation of a machine-learning algorithm for treatment planning in prostate low-dose-rate brachytherapy. Int J Radiat Oncol Biol Phys 2017; 97(4): 822–829.

4 Blockchain – mehr als nur Bitcoin: Die Zukunft ist jetzt

„Die Blockchain-Technologie ist neben KI eine der bedeutendsten Innovationen nach der des Internets."

Nicole Formica-Schiller

Blockchain-Technologie wird oftmals als Technologie der Zukunft bezeichnet, dabei wird sie schon heute angewendet. Der Öffentlichkeit ist Blockchain am ehesten im Zusammenhang mit Kryptowährungen wie Bitcoins bekannt.

Dass die Anwendung von Blockchain-Technologie auch im Gesundheitswesen eine **große Rolle** spielen kann und das Potenzial hat, eine disruptive Wirkung zu entfalten, wird bislang nur vereinzelt wahrgenommen. Dabei bietet die Anwendung von Blockchain für das Gesundheitswesen vielfache Möglichkeiten, u. a. den **Informations- und Datenaustausch** essenziell zu **verbessern** und grundlegend zu **verändern**. Einige Anwender und Investoren haben diesen Zukunftstrend erkannt und arbeiten gemeinsam mit Entwicklern und Beratern bereits an blockchainbasierten Lösungen.

Angesichts der aktuellen COVID-19-Pandemie liegt ein besonderes Augenmerk darauf, inwieweit Blockchain innovativ zur **Bewältigung von Pandemien** beitragen kann. Aus gegebenem Anlass und wegen der besonderen Wichtigkeit wird diesem Thema daher mit ➤ Kap. 4.4 ein eigener Abschnitt gewidmet.

4.1 Systematik und Grundstruktur

4.1.1 Ledger, Hash-Funktionen, Konsensalgorithmen, digitale Signatur und Schlüssel

Das Charakteristikum der Blockchain ist, dass sie nicht von einer einzigen zentralen Autorität kontrolliert wird. Mit anderen Worten: Die Blockchain ist eine digitalisierte, **dezentralisierte**, d. h. nicht zentral gespeicherte, **Datenbank** (➤ Kap. 2.1.1), die aus kontinuierlich erweiterbaren und aktualisierten **Blöcken von Datensätzen** (engl. „block") besteht. **Kryptografische Verfahren** verketten (engl. „chain") diese Blöcke miteinander. Jeder Datenblock enthält mindestens einen oder mehrere Sätze von Transaktionen. Sobald eine Transaktion validiert worden ist, wird sie mit anderen Transaktionen zu einem Datenblock gebündelt. Diese Blöcke werden dann sequenziell zu einer Kette von Blöcken geordnet, wobei jeder Block auch die eindeutige Kennung des vorhergehenden Blocks enthält.

D E F I N I T I O N
Ledger

Ein Ledger ist einem Hauptbuch in der Buchhaltung vergleichbar: Es zeichnet alle Transaktionen zwischen den Benutzern in chronologischer Reihenfolge auf und speichert sie. Anstelle einer einzigen Behörde, die dieses Ledger kontrolliert, wird eine identische Kopie des Ledgers von allen Benutzern im Netzwerk bzw. den sog. Knotenpunkten (engl. „node") geführt. Wie in ➤ Abb. 4.1 dargestellt, kann man zwischen zentralen und dezentralen Ledgers unterscheiden.

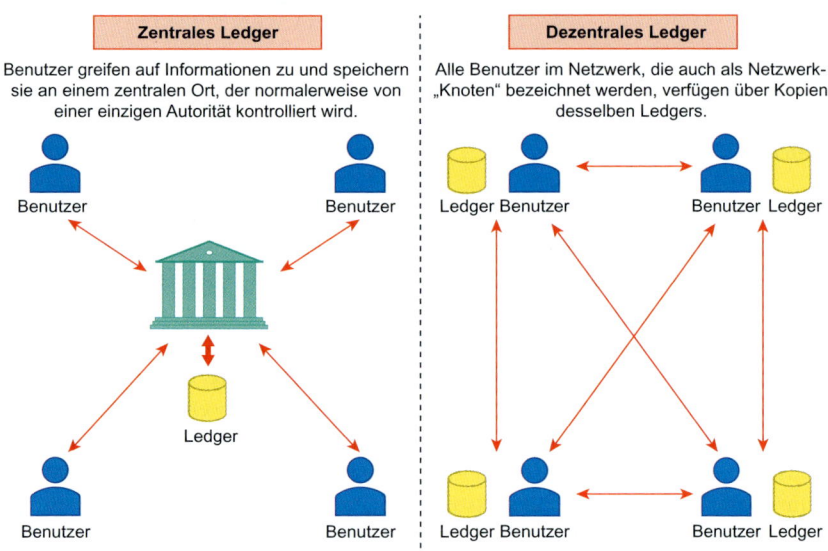

Abb. 4.1 Zentrales vs. dezentrales Ledger [P837, L143]

Blockchain verwendet Kryptografie zum Schutz der Identität der Netzwerkbenutzer, zur Gewährleistung sicherer Transaktionen und zum Schutz aller Arten von wichtigen Informationen. Blockchain implementiert dabei zwei Arten von kryptografischen Technologien:
- Hash-Funktionen und
- Kryptografie mit öffentlichem bzw. privatem Schlüssel.

H I N T E R G R U N D W I S S E N
Hash-Funktionen werden verwendet, um den grundlegenden Beweis zu konstruieren, der jeden Block mit dem Rest der Kette vor ihm verbindet. Hashes sind in Wirklichkeit kryptografische Algorithmen, welche die Daten verschlüsseln und zu einer eindeutigen Signatur für jeden Block führen.

Diese Blöcke werden dann sequenziell zu einer Kette von Blöcken (daher die Bezeichnung Blockchain) geordnet, wobei jeder Block den Hash des vorhergehenden Blocks enthält. Dies macht es äußerst schwierig, einen Block zu manipulieren, da eine Änderung der Daten zu einem anderen Hash-Wert führen würde, was die Transaktion offensichtlich macht und zu ihrer Ablehnung führt.

Darüber hinaus stützt sich Blockchain auf **digitale Signaturen**, die mit einem **privaten Schlüssel** einhergehen. Wer eine Transaktion auf der Blockchain durchführt, signiert diese mit seinem privaten Schlüssel, d.h. einer nicht mehrfach, sondern einmalig, sozusagen speziell für den Benutzer, vorliegenden Zeichenkette. Genau wie normale Signaturen werden digitale Signaturen zur Authentifizierung und Validierung verwendet. Digitale Signaturen sind ein integraler Bestandteil verschiedener Blockchain-Protokolle und damit eines der Hauptinstrumente zur Gewährleistung der Integrität und Sicherheit der in einer Blockchain gespeicherten Informationen. Aufgrund dessen ist es für den Inhaber des privaten Schlüssels zwingend erforderlich, diesen vor unberechtigtem Zugriff durch Dritte zu schützen.

HINTERGRUNDWISSEN

Jeder private Schlüssel geht mit einem **öffentlichen Schlüssel** einher, bildet somit ein Schlüsselpaar. Der öffentliche Schlüssel ist öffentlich zugänglich. Damit kann jeder andere Teilnehmer auf der Blockchain verifizieren, dass die Signatur auch wirklich vom privaten Schlüssel des Eigentümers des Schlüsselpaars stammt.

4

Wenn ein Benutzer verschlüsselte Daten sendet, können diese theoretisch von einem Hacker verändert werden, was aufseiten sowohl des Senders als auch des Empfängers unbemerkt bleiben könnte. Digitale Signaturen hindern Hacker jedoch daran, die Daten zu verändern, denn wenn sie diese ändern, ändert sich auch die digitale Signatur und wird ungültig. Digitale Signaturen schützen also nicht nur Daten, sondern zeigen auch an, ob sie verändert wurden. Zusätzlich sichern digitale Signaturen die Identität des Absenders. Jeder Benutzer hat seine eigene digitale Signatur, sodass alle Benutzer sicher sein können, dass sie mit der richtigen Person kommunizieren. Für einen Hacker ist es daher praktisch unmöglich, die digitale Signatur eines anderen zu fälschen, da dies aus mathematischer Sicht nahezu unmöglich ist. Wenn also ein Benutzer etwas digital signiert, wird es mit diesem Benutzer assoziiert und ist rechtsverbindlich.

HINTERGRUNDWISSEN

Grundsätzlich sind Transaktionen auf einer herkömmlichen Blockchain, wie z.B. bei dem im Gesundheitswesen oft verwendeten Ethereum-Protokoll, **nicht anonym**, sondern **pseudonym**. Der Einfachheit halber wird aber oftmals das Wort anonym verwendet. So wird bei Transaktionen der öffentliche Schlüssel auf der Blockchain gespeichert, sodass jeder Teilnehmer erkennen kann, welcher öffentliche Schlüssel an welcher Transaktion involviert war. Jeder öffentliche Schlüssel ist im Eigentum einer Person und pseudonymisiert diese somit.
Somit müsste man korrekt sagen, es sind z.B. nicht die personenbezogenen Daten, die auf der Blockchain gespeichert werden, sondern es ist der öffentliche Schlüssel.

Die unabhängigen Benutzer oder Knoten im Netzwerk müssen die Transaktionen mit verschiedenen **Konsensalgorithmen** überprüfen. Ein Beispiel aus dem Bereich der Bitcoin ist der sog. Proof-of-Work-Algorithmus d.h. derjenige Algorithmus, auf den man sich ursprünglich geeinigt hat und der die Transaktionen bestätigt sowie neue Blöcke an die bestehende Kette anfügt.

HINTERGRUNDWISSEN
Dem stehen die sog. **Miner** gegenüber; dabei handelt e sich um spezielle Netzwerkknoten, die dafür verantwortlich sind, die Transaktionen zu bestätigen und Blöcke zuzuordnen.

Alle Konsensverfahren erfordern einen Mechanismus (**Konsensmechanismus**) zur Beilegung von Streitigkeiten oder Ungewissheit darüber, welcher Block als nächster geschrieben werden soll. Wenn ein Konsens erreicht ist – was die Vereinbarung einschließt, dass ein Block validierte Daten enthält und dass dies der Block ist, der als nächstes geschrieben werden soll –, fügt jeder Knoten in der Blockchain den vereinbarten Block zu seiner lokalen Kopie des Ledgers hinzu. Auf diese Weise behalten alle Knoten jedes Mal, wenn ein Block geschrieben wird, eine identische Kopie des Ledgers bei. Dies wird durch den nächsten zu schreibenden Block garantiert (nachgewiesen), da er einen Hash des Blocks vor ihm enthält, der ihn dauerhaft macht. Eine schematische Darstellung der Funktionsweise eines Blockchain-Systems findet sich in ➤ Abb. 4.2.

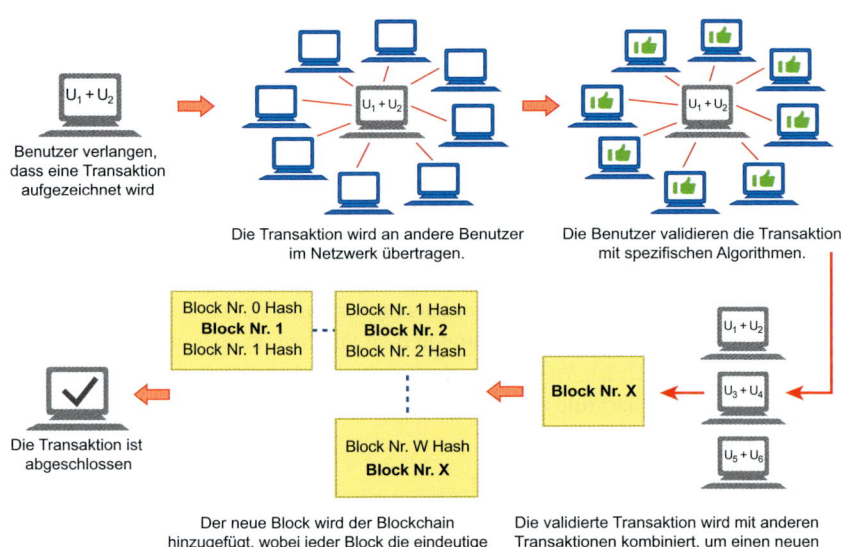

Abb. 4.2 Das Blockchain-System [P837, L143]

Wenn der Inhalt eines Blocks in der Kette manipuliert wird, ändert sich der Hash dieses Blocks. Dadurch ändert sich der Hash des Blocks nach ihm und auch der jedes nachfolgenden Blocks in der Kette. Die Konsensalgorithmen verhindern dann, dass neue Blöcke in die Hauptkette geschrieben werden, weil die Hashes nicht übereinstimmen. Diese Eigenschaft ist der Ursprung des Wortes „chain" (Kette) in „Blockchain", weil jeder Block mit dem vorhergehenden Block verankert ist und die Existenz aller Daten, auf die er verweist, bis zum ersten „Datenblock" in der „Kette" zurückreicht.

4.1.2 Distributed Ledger Technology, Public, Private und Federated Ledger

Spricht man von Blockchain, ist es wichtig, den Begriff der sog. Distributed Ledger Technology (DLT) davon zu unterscheiden. Oftmals wird angenommen, dass es sich bei beiden Begriffen um das Gleiche handelt.

DEFINITION

Distributed Ledger Technology (DLT)

Als DLT bezeichnet man ein digitales System zur Erfassung von Transaktionen im Sinne eines dezentral und digital geführten Hauptbuchs.

Mit anderen Worten: Bei DLT handelt es sich um eine Datenbank, die auf einer Vielzahl miteinander vernetzter Rechner geführt wird und in der Informationen auf der Basis eines Konsensmechanismus (➤ Kap. 4.1.1) validiert, in Blöcken gespeichert und unveränderbar aufgezeichnet werden.

HINTERGRUNDWISSEN

Die Blockchain ist eine Anwendung der **DLT-Technologie**. Auf jedem an der DLT teilnehmenden Rechner ist eine Kopie der gesamten Blockchain abgelegt.

Bei der Blockchain unterscheidet man im Wesentlichen drei verschiedene Arten.
1. Sogenannte **Public (öffentliche) Blockchains** können von jedermann gelesen werden; es handelt sich um eine öffentliche Datenbank. Sie sind auch „erlaubnislos"; das bedeutet, dass jeder teilnehmen und die Konsensmechanismen nutzen kann, ohne von einer dritten Partei die Erlaubnis dazu erhalten zu müssen. Bitcoin, Ethereum und mehr als 10 andere Kryptowährungen funktionieren auf diese Weise und erlauben jede Transaktion, die logisch gültig ist, sogar zwischen anonymen Parteien. Public Blockchains sind so konzipiert, dass sie nach Regeln funktionieren, die kein Eingreifen von Intermediären erfordern, sondern direkt zwischen Sender und Empfänger abgewickelt werden können. Dies gilt als großer Vorteil. Die Validierung der Transaktionen erfolgt durch Konsensmechanismen.

HINTERGRUNDWISSEN

Public Blockchains bieten sich für all jene an, welche die **Vorteile** eines offenen Systems in Verbindung mit der automatischen Ausführung von Smart Contracts (➤ Kap. 4.1.3) nutzen wollen.

Eine der Hauptsorgen bei der Blockchain-Technologie und ein **Nachteil** bei Public Blockchains lässt sich mit dem Sybil-Angriff umschreiben.

> **DEFINITION**
> **Sybil-Angriff**
> Darunter versteht man eine Sicherheitsbedrohung auf einem digitalen bzw. Online-System, bei der versucht wird, das Netzwerk zu übernehmen, indem durch den Angreifer mehrere Konten oder Knoten (Nodes) erstellt werden.

Gerade Public Blockchains arbeiten mit absolutem Vertrauen in ihre Algorithmen und sind so konzipiert, dass sie kein Vertrauen in die Gegenparteien haben müssen. Aus diesem Grund werden sie manchmal als „vertrauenslos" bezeichnet, da sie eine besondere Angriffsfläche für Sybil-Attacken bieten.

2. Wie bei herkömmlichen Datenbanken steht der Inhalt einer **Private Blockchain** nur ausgewählten Benutzern und Knotenbetreibern zur Verfügung. Die private, nicht öffentlich einsehbare Blockchain wird von einem Netzwerkadministrator geführt, der entscheidet, wem der Zutritt auf diese Blockchain erlaubt wird. Im Gegensatz zu einer traditionellen Datenbank muss eine private Blockchain nicht durch einzelne Teilnehmer validiert werden. Vielmehr werden die Transaktionen durch den Netzwerkbetreiber oder eine Gruppe nach festgelegten Regeln validiert bzw. mit einem von den Netzbetreibern festgelegten Konsensmechanismus verifiziert.
Die Private Blockchain wird typischerweise für Anwendungsfälle in Unternehmen eingesetzt, in denen unveränderliche Transaktionen erforderlich sind, die durch eine geschlossene Gemeinschaft verifiziert werden können. Aufgrund dieser Systematik wird oftmals angeführt, dass das Argument der Dezentralität bei der privaten Blockchain nicht wirklich greift und es sich vielmehr um ein verteiltes Register handelt, das Kryptografie als Sicherheitskriterium anwendet. Die Hyperledger-Technologie ist ein Beispiel hierfür. Daher wird die private Blockchain von Insidern auch oftmals als großer Widerspruch zum Grundprinzip der Blockchain, namentlich der Dezentralisierung, angesehen.

> **HINTERGRUNDWISSEN**
> Private Blockchains kommen bevorzugt zum **Einsatz**, wenn z.B. Unternehmen bei internen Anwendungen die Inhalte der Transaktion selbst verwalten, die Teilnehmer selbst aussuchen und ihnen lediglich vorab definierte Rechte geben möchten.

3. Die **Federated Blockchain** basiert auf einem anderen Modell als die Public Blockchain und ist eine Erweiterung der Private Blockchain. Es handelt sich um eine Gruppe von z. B. Unternehmen oder Personen, die gemeinsam im Sinne von Mehrheitsentscheidungen Entscheidungen zum bestmöglichen Nutzen des gesamten Netzwerks trifft. Diese Gruppe unterliegt einer Art von Governance-Kontrollen; sie genießt das kollektive Vertrauen der anderen Benutzer, weshalb sie auch oft als **Konsortium** bezeichnet wird.
Das Sicherheitsniveau und damit das Vertrauen, das die Benutzer in die Unveränderlichkeit der Daten haben können, hängt von den Regeln ab, die für das jeweilige Ledger festgelegt wurden, einschließlich des Konsensmechanismus. Federated Ledger können auch ein falsches Sicherheitsgefühl erzeugen, weil selbst vertrauenswürdige Benutzer durch Hackerangriffe unzuverlässig werden können. Der

Vorteil von Federated Ledgers liegt in den schnellen Entscheidungen, die möglich sind, da – anders als bei der Private Blockchain – nicht die Entscheidung von Einzelpersonen erforderlich ist.

Schon heute existieren **viele verschiedene Blockchains**, und ihre Zahl wird in Zukunft noch weiter zunehmen. Schon jetzt könnte z. B. eine Lieferkettentransaktion von Anfang bis Ende das Schreiben oder Lesen von Daten aus mehreren Blockchains beinhalten. Darüber hinaus ist leicht abzusehen, dass der Bedarf an Informationsaustausch und die Durchführung von Transaktionen über die verschiedenen Arten von Blockchain hinweg zunehmen werden.

4.1.3 Smart Contract

Im Zusammenhang mit Blockchain ist oftmals vom Smart Contract („intelligenter Vertrag"), häufig auch als selbstausführender Vertrag bezeichnet, zu lesen.

4

> **DEFINITION**
> **Smart Contract**
> Darunter versteht man Computerprotokolle, die Verträge technisch abbilden bzw. überprüfen und bei der Verhandlung und Abwicklung von Transaktionen unterstützen.

Mit anderen Worten: Es handelt sich um eine Vereinbarung bzw. ein Regelwerk, das eine Geschäftstransaktion regelt. Der Smart Contract wird auf der Blockchain gespeichert und als Teil einer Transaktion bei bestimmten Ereignissen automatisch ausgeführt.

Smart Contracts können viele Vertragsklauseln haben. Ihr **Zweck** ist es, eine dem traditionellen Vertragsrecht vergleichbare, wenn nicht sogar höhere Sicherheit zu bieten und gleichzeitig die mit traditionellen Verträgen verbundenen Kosten und Verzögerungen zu reduzieren.

4.2 Herausforderungen und Überlegungen

Die Antwort auf die Frage, ob Blockchain einen größeren disruptiven Wandel unserer Gesellschaft und des Gesundheitswesens im Speziellen hervorgerufen hat als das Internet, werden wir erst in einigen Jahren wissen. Unbestritten aber ist, dass die DLT-Technologie, bekannt als Blockchain (➤ Kap. 4.1), ihr Potenzial bereits heute für die Bereiche unter Beweis gestellt hat, in denen die Integrität und Transparenz von Daten entscheidende Kriterien sind.

Der effiziente Einsatz von Blockchain im Gesundheitsökosystem erfordert die Beteiligung zahlreicher Interessengruppen wie u. a. Gesundheitsdienstleister, Kostenträger, Wissenschaftler, Regierungen, Patienten. Es wird sicherlich eine Herausforderung sein, einen Konsens dieser Gruppen hinsichtlich nationaler oder sogar globaler Standards zu erzielen. Daher ist es unwahrscheinlich, dass das Gesundheitswesen mit der Anwendung von Blockchain von heute auf morgen eine grundlegende Veränderung erfahren wird.

Blockchain bietet aber für bestehende Probleme des Gesundheitswesens verschiedene Lösungen, die in ➤ Kap. 4.3 und ➤ Kap. 4.4 exemplarisch dargestellt werden. Allerdings gibt es auch Herausforderungen, die bei der Verwendung von Blockchain speziell im Gesundheitswesen zu beachten sind und in den folgenden Kapiteln skizziert werden.

4.2.1 Datenaustausch und Benutzerfreundlichkeit

Die Möglichkeiten, die ein digitalisierter Gesundheitssektor bietet, beschäftigen Politiker und Regierende weltweit. Die komplexen **Governance- und Datenschutzfragen** im Zusammenhang mit dem Schutz der sehr persönlichen und privaten Gesundheitsdaten bedingen einen Bedarf an **klaren Regelungen** und verlangen gleichzeitig nach **Transparenz** in den Bereichen **Einwilligung, Anonymisierung und Dateneigentum**.

Um dies zu erreichen, müssen die Gesundheitssysteme die Herausforderungen meistern, die sich aus der Erfüllung der kombinierten Anforderungen an **rechtliche und ethische Rahmenbedingungen** sowohl für die Patientenversorgung als auch für die Forschung ergeben. Die gemeinsame Nutzung von Daten wird dabei nicht nur wegen technischer Beschränkungen als problematisch angesehen, sondern auch wegen der Notwendigkeit, komplexe Regeln der Informationsverwaltung, der organisatorischen Bedürfnisse und Prioritäten in ein angemessenes Verhältnis zu setzen. Auch die Erwartungen der Öffentlichkeit an den Schutz ihrer Gesundheitsdaten und das teilweise zwischen den verschiedenen Leistungserbringern bestehende Misstrauen gilt es zu überwinden.

Eine große Herausforderung für das digitalisierte Gesundheitswesen besteht daher darin, den **Datenaustausch** zwischen Anwendungen, Datenquellen und den zugrunde liegenden Systemen zu ermöglichen. Die ePA ist hierfür ein Beispiel (➤ Kap. 4.3.1). Die Grundidee dabei ist, dass der Patient, dem diese Akte gehört, und befugte Dritte auf alle darauf abgelegten Daten (Befunde etc.) zugreifen und sie im Idealfall direkt kontrollieren können.

Infolgedessen wächst das Interesse an Blockchains als Möglichkeit, diese Herausforderungen zu meistern. Die Blockchain mit ihrem dezentralen und transparenten Ansatz kann einen Anreiz dafür darstellen, dass Patienten die **Verantwortung** für sich und ihre Daten sowie den Datenaustausch auf der Blockchain selbst in die Hand nehmen und die **Daten des „eigenen Ichs"** jederzeit verwalten (➤ Kap. 5.1).

Eng damit verbunden sind Fragestellungen, wie medizinische Entscheidungen zu treffen sind, wenn der Patient nicht alle dafür erforderlichen und auf der Blockchain hinterlegten Daten freigibt bzw. wie weniger technikaffine Patienten bestmöglichen Nutzen aus der Anwendung von Blockchain und den darauf hinterlegten Daten ziehen können:

- Sollten lediglich solche Blockchain-Plattformen im Gesundheitswesen zum Einsatz kommen, die sich als besonders **nutzerfreundlich** erweisen und auch von Nicht-IT-Experten einfach zu handhaben sind?
- Oder sollte eine Art **Treuhänder**, wie z. B. der Hausarzt oder ein enges Familienmitglied, Zugriffsrechte eingeräumt bekommen, um den Patienten bei der Handhabung der Blockchain zu unterstützen?

4.2.2 Cybersicherheit, Echtzeitzugriff und Verifikation digitaler Patientendokumente

Die Zunahme datengesteuerter Technologien im Gesundheitswesen hat das große Potenzial, den Versorgungsstandard für Patienten zu erhöhen, sie geht gleichzeitig aber auch mit Bedenken im Hinblick auf die Verwendung von und den Umgang mit Patientendaten einher. Diesbezüglich werden vorrangig Datenschutz, Vertraulichkeit und Sicherheit angeführt.

Datenverletzungen nehmen weltweit in alarmierendem Maße zu, wobei gerade **sensible Gesundheitsdaten** für Cyberkriminalität interessant sind. Es wird geschätzt, dass Gesundheitsdaten im Dark Web für das **Zehnfache des Preises** normaler personenbezogener Daten verkauft werden. Der Protenus-Bericht ergab, dass sich die Zahl der Verstöße im Zusammenhang mit Patientendokumenten in den USA 2018 im Vergleich zu 2017 **verdreifacht** hat und dass **2018 über 15 Mio. Patientendokumente verletzt** wurden [1].

Der Einsatz der Blockchain-Technologie kann für die Bearbeitung bzw. das Aufbewahren von Gesundheits- und Patientendaten ein manipulationssicheres, vertrauliches und transparentes Umfeld bieten.

Zudem können mittels Blockchain Zahler und Versicherer den Status von Schadenseinreichungen und die Bearbeitung von Policen und Schadensfällen in Echtzeit genau verfolgen in Kombination mit **Echtzeitzugriff** auf Patientendaten in einer Weise, die bisher nicht möglich war. Damit geht das Erfordernis einher, diese Daten angemessen zu erheben, zu verarbeiten, zu speichern und zu nutzen. Ein solcher Echtzeitzugriff hat das Potenzial, die Patientenversorgung zu verbessern, indem u. a. die Entscheidungsfindung schneller und sicherer, aber auch die Bearbeitung von Policen und Schadensfällen effektiver wird. Diese **Echtzeitverfolgung** könnte mit den Genehmigungen und Überprüfungen anderer Versicherungsnehmer kombiniert werden, die während des gesamten Lebenszyklus eines Versicherungsanspruchs als eine Art Gutachter und Auftraggeber fungieren würden.

Betrug, Verschwendung u. Ä. sind für alle Kostenträger wichtige Themen. Blockchain könnte potenziell dazu beitragen, Identitätsbetrug und gefälschte Ansprüche wirksam aufzudecken sowie die Authentizität von Dokumenten zu bestätigen. Sogenannte **Smart Claim Contracts**, die Verarbeitungsfunktionen ausführen, könnten den Prozess der Schadensbearbeitung und -entscheidung neu ausrichten und einen detaillierten neuen Prüfpfad erstellen, der Kosten und Zeit spart.

4.2.3 Skalierbarkeit und Wettbewerb um Talente

Viele der Systeme für Blockchain würden mehr Skalierbarkeit und Gleichgewicht zwischen den verschiedenen Arten von Blockchain erfordern, um die auf der Blockchain stetig wachsende Menge an gespeicherten Daten zu verarbeiten.

Um dem Konzept von Blockchain gerecht zu werden, müssen Anwendungen auf **skalierbaren Protokollen** aufgebaut werden. Diese Protokolle müssen gewährleisten, dass große Mengen an komplexen Transaktionen mit hoher Geschwindigkeit, sicher und unter Einhaltung des Datenschutzes ausgeführt werden können.

Ausreichend qualifizierte Personen zu finden, die über die zum Aufbau dieser Skalierbarkeit erforderlichen Fähigkeiten verfügen, stellt derzeit noch eine große Herausforderung dar. Der Wettbewerb um **Talente bzw. qualifizierte Kandidaten** bedeutet, dass das bislang am Arbeitsmarkt vorherrschende Angebot an Personen mit den erforderlichen Fähigkeiten und Fachwissen auch auf absehbare Zeit ein limitierender Faktor bleiben wird.

4.2.4 Standardisierung, Pilotprojekte, Infrastruktur und Kosten

Die Standardisierung technischer Verfahren auf Blockchain-Plattformen im Gesundheitswesen wird oft als die größte Hürde für die Anwendung durch Unternehmen angesehen. Trotz des frühen Erfolgs von Blockchain-Pilotprojekten im Gesundheitswesen macht der **Mangel** an komplett ausgereiften bzw. vollumfänglich **gesetzeskonformen technischen Standards** ihre Anwendung problematisch.

Auch müssen sich diese Pilotprojekte beim Einsatz im Gesundheitswesen in der Alltagsroutine erst bewähren. Projekte wie Hyperledger können dabei helfen, erste Standards zu setzen, die Kodizes für Verfahren oder zu erbringende Dienstleistungen betreffen. Die Bildung eines **Konsortiums**, das Blockchain-Projekte im Einklang mit technischen Standards vor dem Hintergrund allgemeingültiger und national verbindlicher Regelwerke im Gesundheitswesen entwickelt, könnte hierbei förderlich wirken.

Darüber hinaus gilt es zu berücksichtigen, dass der Einsatz von Blockchain das Vorhandensein der dazu nötigen Infrastruktur erfordert (➤ Kap. 2.2.1). Deren Aufbau erfordert finanzielle und auch personelle Ressourcen, die gerade im Gesundheitswesen knapp begrenzt sind.

Eine der Schlüsselfragen, die sich den Anwendern von Blockchain im Gesundheitswesen daher stellt, lautet: **Wer übernimmt die Führung beim Aufbau einer universellen Plattform** für das Gesundheitswesen? Ist es die Biotechnologie-, Pharma- und Medizingeräteindustrie? Sind es die Krankenkassen, die Ärzteschaft oder der Staat? Oder vielleicht doch besser Patientenorganisationen und private Trägerschaften?

Gegenwärtig investieren mehrere große Pharmaunternehmen wie *Roche, Pfizer, Sanofi, Amgen* und *Johnson and Johnson* in Zusammenarbeit mit Blockchain-Think-Tanks und Forschungszentren wie *IBM Watson Health* oder Technologie-Startups in die Entwicklung von Blockchain-Plattformen für ihre jeweiligen Organisationen. Auch die *Hyperledger Healthcare (HLHC)-Arbeitsgruppe*, zu der Accenture, Gem, Hashed Health, IBM und Kaiser Permanente gehören, arbeitet gemeinsam an der Einrichtung von Registern u. Ä. für Gesundheitsinformationen und klinische Studien. Da es sich um eine relativ neue Technologie handelt, kommt erschwerend hinzu, dass sich die Kosten für die Einrichtung und den Betrieb dieser Netzwerke gerade zu Beginn nicht eindeutig beziffern lassen.

4.2.5 Speicherkapazität und Energieverbrauch

Grundsätzlich gilt es bei der Anwendung von Blockchain zu beachten, dass die benötigten Speicherkapazitäten mit jeder Transaktion zunehmen. Insbesondere aufgrund der stetig anwachsenden Menge an personenbezogenen Gesundheitsdaten (vgl. These 1 in ➤ Kap. 5.1.1 und These 2 in ➤ Kap. 5.1.2) geht die Anwendung von Blockchain im Gesundheitswesen eng mit dem Bedarf an entsprechend großen Rechnerleistungen bzw. dem damit verbundenen Energieverbrauch einher.

Hinzuweisen ist in diesem Zusammenhang auf den Einsatz von **Smart Contracts** (➤ Kap. 4.1.3), bei denen beispielsweise der Programmcode für jeden einzelnen Smart

Contract auf jedem Server des Blockchain-Netzwerks abgebildet wird. Dadurch kann der Bedarf an Speicherkapazität und Energie sehr große Dimensionen annehmen. Greift zudem der Smart Contract auf eine externe Datenbank zu, dann wird infolgedessen jeder Server des Blockchain-Netzwerks ebenfalls auf diese Datenbank zugreifen. Gerade im Gesundheitswesen arbeiten die meisten Konzepte mit Smart Contracts, da sie auf Ethereum beruhen. Zwar gibt es für das Problem der Speicherkapazität Lösungsansätze, u. a. mittels **Hash-Funktionen** (➤ Kap. 4.1.1). Auch wird versucht, den Aspekt der Smart Contracts mithilfe sog. **Orakel** zu lösen, d. h. externer Dienste, welche die für Smart Contracts erforderlichen Informationen von extern an die Blockchain senden, ohne dass diese selbst externe Datenbanken abfragen muss.

4.2.6 Governance, Datenschutz und Regulierung

Obwohl die Nutzung der Blockchain-Plattform für die Integration von Patientendaten und geschützte Gesundheitsinformationen im Hinblick auf Bequemlichkeit, Rückverfolgbarkeit und Patienteneinwilligung zahllose Vorteile aufweist, könnte ihre Einführung, was insbesondere die **regulatorischen Aspekte** betrifft, auf einige Probleme stoßen.

Wie jede andere disruptive Technik wirft auch die Anwendung von Blockchain im Gesundheitswesen komplexe Fragen bezüglich Governance und Regulierung auf. Daher ist es naheliegend, dass die am Ökosystem Gesundheitswesen Beteiligten, bevor sie persönliche Daten vollständig an eine Blockchain weitergeben, erwarten, dass die entsprechenden Gesetze, die das Gesamtkonzept der jeweiligen Blockchain-Anwendung regeln, vorliegen und vorrangige Geltung entfalten.

Auch gilt es einige der grundlegendsten Fragen bezüglich des Datenschutzes von Patienten zu klären. Beispielsweise hat ein Verbraucher nach der **DSGVO** in Europa das Recht, die Löschung bestimmter Daten zu verlangen. Was aber würde dies für eine Technologie bedeuten, deren Basis u. a. auf einer nicht nachträglich bzw. rückwirkend veränderbaren Datenbank beruht?

4.2.7 Monetarisierung von Daten und Risikokapital für Blockchain-Start-ups

Der mangelnde Zugang zu und die Kontrolle über individuelle Daten sind limitierende Faktoren, die einer Ausschöpfung des vollen Potenzials von Vorsorgeprogrammen entgegenstehen. Dies gilt auch für den ebenfalls wichtigen Aspekt des Austauschs persönlicher Daten mit der medizinischen Forschung im Rahmen von Konzepten wie der Präzisionsmedizin und der Erforschung der Gesundheit der Bevölkerung.

Kürzlich haben die Regierungen der **Niederlande** und **Finnlands** gesetzlich festgelegt, dass Einzelpersonen ein absolutes Recht auf ihre Gesundheitsdaten haben. Die zunehmenden **Debatten um den Besitz von Daten** verschärfen sich und heizen die Diskussion um die Frage an, wem die Daten gehören und ob sie monetarisiert werden sollen und dürfen (➤ Kap. 4.3.3, vgl. These 3 in ➤ Kap. 5.1.3 und These 7 in ➤ Kap. 5.1.7).

In diesem Zusammenhang ist zu beobachten, dass es zunehmend mehr Start-ups und Firmen mit blockchainbasierten Produkten am Markt gibt, die sich genau auf den vorab genannten Bereich spezialisieren. Auch **Risikokapitalfirmen** und **Investoren** haben dieses Potenzial erkannt und investieren daher aktiv in diese blockchainbasierten Unternehmen. Allerdings sind die in Blockchain-Technologie bzw. in die dahinter stehenden Start-up-Unternehmen investierten Summen deutlich niedriger als die Investitionen, die bislang weltweit in KI getätigt wurden.

4.2.8 EU und grenzüberschreitender Austausch von Gesundheitsdaten

In den letzten Jahrzehnten hat die Zahl der EU-Bürger, die zu Freizeit-, Geschäfts- oder Studienzwecken innerhalb von Europa reisen, konstant zugenommen. Nach EU-Recht können EU-Bürger die Gesundheitsversorgungssysteme anderer europäischer Länder in Anspruch nehmen. Damit steigt auch der Bedarf an – und auch die Nachfrage nach – einem grenzüberschreitenden Austausch von Gesundheitsdaten.

Ein Gesundheitssystem muss effizient und produktiv sein, um sicherzustellen, dass Patienten genau die Versorgung erhalten, die sie benötigen. Verschwendung sollte eliminiert werden, und Aktivitäten, die keinen Mehrwert bringen, aber notwendig sind (z. B. Routineaufgaben), sollten automatisiert werden. Zweckbestimmte Teams sollten über den gesamten Pflegezyklus hinweg zusammenarbeiten und ihre Tätigkeiten im Wesentlichen am Gesundheitszustand des Patienten ausrichten. Automatisierung, Standardisierung und Optimierung der klinischen Abläufe können dabei zu einer Kostensenkung bei gleichzeitiger Verbesserung der Patientenergebnisse führen. Der EU-weite Austausch von Daten spielt hierbei eine wesentliche Rolle.

Mehrere Projekte wurden daher mit dem Ziel gestartet, ein **Standardformat für Gesundheitsdaten** zu schaffen, um Informationen auf regionaler, nationaler oder EU-Ebene auszutauschen. Etliche davon nutzen die Blockchain-Technologie als Mittel zur sicheren **Verschlüsselung** dieser Daten.

2019 gab die Europäische Kommission **Empfehlungen** heraus, die den Zugang zu Gesundheitsdaten über Landesgrenzen hinweg in Einklang mit der DSGVO erleichtern [2]. Die Empfehlungen beinhalten, dass die EU-Mitgliedstaaten diese Möglichkeit auf patientenrelevante Zusammenfassungen, E-Verschreibungen, Labortests, medizinische Entlassungsberichte sowie Bildgebungsbefunde ausweiten. Sogenannte **Integrating-the-Healthcare-Enterprise-Profile** (IHE-Profile) im Zusammenhang mit der europäischen Infrastruktur für digitale Gesundheitsdienste, sog. eHealth Digital Service Infrastructure (eHDSI), spielen dabei ebenfalls eine Rolle. Bei IHE handelt es sich um eine globale gemeinnützige Initiative mit dem Ziel, den Datenaustausch zwischen IT-Systemen im Gesundheitswesen zu standardisieren.

4.3 Blockchain in Aktion: Wachstumsfelder und praktische Anwendungsbeispiele

Im digitalen Ökosystem des Gesundheitswesens kann die Blockchain-Technologie eine wichtige Rolle spielen, da sie den verschiedenen Akteuren, darunter Patienten, Ärzten, Versicherungen, Pharma- und Geräteherstellern, Distributoren und Behörden, die Möglichkeit bietet, über ein **transparentes, vertrauenswürdiges, dezentralisiertes** Netzwerk miteinander zu interagieren. Die Anwendungsmöglichkeiten sind dabei breit gefächert und reichen von der gemeinsamen Nutzung von Gesundheitsdaten, der Vereinfachung von Zahlungsprozessen und des Schadensmanagements, der Rückverfolgung und Optimierung von (medizinischen) Lieferketten bis hin zum Bereich Forschung & Entwicklung bzw. klinische Studien und einer integrierten EU-weiten Gesundheitsversorgung, um nur einige Beispiele zu nennen.

HINTERGRUNDWISSEN
Besonders hervorzuheben und den wenigsten bislang bekannt sind die Möglichkeiten, die **Blockchain** für die **Bewältigung von Pandemien** (➤ Kap. 4.4) bietet.
Bislang gibt es nur wenige Experten für diesen Bereich im Speziellen und die Anwendung im Gesundheitswesen im Allgemeinen. Grund hierfür ist, dass Blockchain aktuell hauptsächlich im Kontext von Bitcoin Anwendung findet.

Blockchain wird oft als eine der disruptivsten Technologien überhaupt angesehen. Es wird prognostiziert, dass die **Einnahmen**, die **durch Blockchain im Gesundheitswesen** generiert werden, mit einer durchschnittlichen jährlichen Wachstumsrate (Compound Annual Growth Rate, CAGR) von **61 % steigen** werden, und zwar von 73,8 Mio. USD (im Jahr 2018) auf 500 Mio. USD (im Jahr 2022) [3]. Blockchain kann für ein höheres Maß an Transparenz und Vertrauen im gesamten Ökosystem der Gesundheitsversorgung sorgen.

Nachstehend werden die wichtigsten Wachstumsfelder für Blockchain im Gesundheitswesen vorgestellt.

4.3.1 Elektronische Patientenakte und digitale Identität

Als zentrale Sammelstelle für Gesundheitsdaten dient in vielen Ländern die dort bereits zur Anwendung kommende ePA (➤ Kap. 2.3.1). Ihre Einführung schreitet insbesondere in jenen europäischen und asiatischen Ländern schneller voran, in denen die Ökosysteme der Datenanbieter weniger komplex erscheinen.

HINTERGRUNDWISSEN
Blockchainbasierte Datennetzwerke können dabei den Datenfluss erheblich verbessern und gleichzeitig durch Technologien wie KI und fortgeschrittene Analytik eine große Menge klinischer wie auch verschiedenster anderer Daten analysieren, um mit diesen Erkenntnissen die Plattformen für die Gesundheitsdaten weiter zu validieren und fortzuentwickeln.

Sowohl für Patienten als auch für Gesundheitsdienstleister haben solche ePAs enorme **Vorteile**, wie die Ergebnisse aus Ländern wie Israel und Dänemark zeigen, die seit Langem elektronische Gesundheitsakten in ihr Gesundheitssystem integriert haben. ePAs tragen u. a. dazu bei, Doppeluntersuchungen zu vermeiden, da die medizinischen Informationen eines Patienten in gut dokumentierter und organisierter Form zur Verfügung stehen. Dies verbessert die Qualität und Kosteneffizienz der medizinischen Versorgung sowie die Patientensicherheit.

Auch in anderen Ländern wird der Austausch von Gesundheitsdaten im Allgemeinen und mittels der ePA im Speziellen mit großer Intensität vorangetrieben.

In den letzten zwei Jahren hat das Unternehmen nach eigenen Angaben mit elf medizinischen Einrichtungen zusammengearbeitet, darunter drei der fünf großen Krankenhäuser in Südkorea und dem *Massachusetts General Hospital* der *Harvard Medical School* in den USA, um die kommerzielle Version seiner ePA-Plattform zu testen und zu entwickeln.

Im Mai 2019 wurde Medibloc als einziges Blockchain-Unternehmen für die Teilnahme an der MyData-Projektinitiative der südkoreanischen Regierung ausgewählt. Im September 2018 hat Medibloc sich mit der *Kyobo Lifeplanet Insurance Company* zusammengetan, um zudem blockchainbasierte Versicherungsprodukte und Schadenbearbeitungssysteme zu entwickeln.

Die MyPCR-Plattform ist DSGVO-konform und bietet bis zu 30 Mio. britischen NHS-Patienten über Smartphone sofortigen Zugang zu ihren Primärversorgungsinformationen, persönlichen medizinischen Behandlungsplänen und Unterstützung bei der Medikamenteneinnahme.

Somit ist die kontinuierliche Überprüfung und Einhaltung eines **personalisierten Behandlungsplans** (engl. „Personal Care Pathway", PCP) bzw. der **Medikation** durch die Patienten möglich. PCPs sind entscheidend für die Aufrechterhaltung der Therapietreue und positive gesundheitliche Ergebnisse für Patienten, insbesondere für chronisch kranke Patienten. Die elektronische und maßgeschneiderte Bereitstellung dieser Informationen war bisher schwierig, da es an einem sicheren Mechanismus fehlte, um u. a. persönliche Medikationsinformationen zeitnah und gesetzeskonform an den Patienten zu übermitteln. Die MyPCR-Plattform verfügt über **Schnittstellen** zu allen drei wichtigen Primärversorgungssystemen des britischen **NHS**.

Estland gilt als eines der Länder, das im Umgang mit der Implementierung innovativer digitaler Lösungen (sog. e-Lösungen) in der Verwaltung des Landes (sog. e-Verwaltung) am fortschrittlichsten ist. 99% der Verwaltungsaufgaben (inkl. der Dienstleistungen für die Bürger) werden nach estnischen Angaben online bewältigt (**e-Estonia**). Lediglich bei Heirat, Scheidung oder Hauskauf ist die persönliche Anwesenheit einer Person bei den örtlichen Behörden erforderlich.

Im Vordergrund steht dabei die digitale Identität (sog. e-ID). Dieser nationale Personalausweis ermöglicht den digitalen Zugang zu elektronischen Dienstleistungen, enthält die rechtsverbindliche digitale Unterschrift, fungiert als legaler Reiseausweis für estnische Bürger sowie als Identifikation für Bankkonten und E-Voting etc.

Auch im estnischen Gesundheitssystem finden e-Lösungen verbreitet Anwendung. Alle Stakeholder des Gesundheitswesens, von Patienten über Ärzte bis hin zu Krankenhäusern und Regierung, profitieren von dem Zugang und den Einsparungen, welche die elektronischen Dienste bislang bewirkt haben. Das Rechnungssystem für medizinische Behandlungen und Rezepte arbeitet vollkommen digital. Zudem verfügt jeder Bürger über eine an seine e-ID gekoppelte **e-Gesundheitskarte** (sog. e-Health Record). Sobald der Benutzer sich durch seine e-ID identifiziert, hat er Zugriff auf seine e-Gesundheitsakte – vergleichbar mit einer nationalen Krankenversicherungskarte – und den darauf gespeicherten Daten zu persönlicher Krankenakte, Gesundheitsinformationen, Rezepten, auf Informationen zu Arztbesuchen und Abrechnungen etc. Die e-Gesundheitsakte ruft die Daten von verschiedenen Gesundheitsdienstleistern ab und präsentiert sie in einem Standardformat über das E-Patientenportal. Darüber hinaus kann der Inhaber einer e-Gesundheitskarte jederzeit die darauf vorgenommenen Einträge nachverfolgen und hat zugleich das Recht, sich von der Datenerfassung in zentralen Datenbanken abzumelden. Derzeit verfügt ein **Großteil der Versicherten** in Estland über eine solche digitale Gesundheitsakte.

Um die Gesundheitsdaten der knapp 1,3 Mio. Einwohner möglichst sicher und effektiv zu verwalten, entschied sich die estnische Regierung 2016 für den probeweisen Einsatz von Blockchain, namentlich der **KSI-Blockchain-Technologie**. Damit gehörte Estland seinerzeit zu den ersten Ländern, die auf nationaler Ebene Blockchain im Gesundheitswesen genutzt haben. Ziel war es, dadurch eine zusätzliche **Sicherheitsebene** für die Aufbewahrung bzw. den Umgang mit **elektronischen Gesundheitsakten** bzw. den darauf gespeicherten Daten zu schaffen, insbesondere unter Aspekten des Datenschutzes, aber auch der Cybersicherheit. Handlungsbedarf für Letzteres wurde u. a. durch die Cyberangriffe auf Estland im Jahr 2007 hervorgerufen.

Estland hat somit eine vollkommen digitale und effektive Infrastruktur aufgebaut, die nach eigenen Angaben zu einer nachhaltigen Ressourcennutzung, Interoperabilität der Beteiligten und Datentransparenz auf den verschiedensten Ebenen führt, und zwar für u. a. Patienten, Ärzte, Apotheker und Verwaltungsbehörden bis hin zur Regierung.

4.3.2 Interoperabilität für personalisierte Versorgungsmodelle

Die Gesundheitsbranche bewegt sich langsam **weg vom Einheitsbehandlungsmodell hin** zu ergebnisorientierten, zielgerichteten Therapien und einem personalisierten Versorgungsmodell (vgl. These 4 in ➤ Kap. 5.1.4). Dahinter steht der Wunsch, die Genetik, das Lebensumfeld und den Lebensstil eines Patienten vollständig zu verstehen, um die besten Wege zur Vorbeugung oder Heilung von Krankheiten zu identifizieren.

Diese Entwicklung wird u. a. durch die sinkenden Kosten für die Genomsequenzierung vorangetrieben und eine damit stetig wachsende Zahl von Menschen, welche die Möglichkeit nutzen wollen, eine auf ihre individuelle genetische Ausstattung zugeschnittene Gesundheitsversorgung zu erhalten. Dafür sind viele auch bereit, ihre genomischen Daten für den wissenschaftlichen Fortschritt weiterzugeben. Da Forscher auf diese Weise Zugang zu umfangreichen genomischen Sequenzierungsdaten und Gesundheitsdatensätzen erhalten, können sie Krankheiten und Patientenergebnisse besser verstehen und schneller die daraus erforderlichen Rückschlüsse ziehen. Damit dies in vollem Umfang realisiert werden kann, müssen die Daten allerdings leicht ausgetauscht werden können und interoperabel sein. Auch hierfür bietet sich der Einsatz von Blockchain an. Da der Austausch der genomischen Sequenzierungsdaten im Speziellen und der Gesundheitsdaten im Allgemeinen für das Patientenwohl wichtig ist, gibt es immer mehr Initiativen, diesen Datenaustausch zu erleichtern. Dies ist von besonderer Bedeutung, da sich dies bislang als nicht einfach für die Beteiligten darstellt.

BEISPIEL

Das Genomik- und Präzisionsmedizin-Unternehmen *Shivom* (www.shivom.io/) startete zusammen mit SimplyVital Health eine Global Healthcare Blockchain Alliance, die Blockchain-Technologie zum Schutz von DNA-Sequenzierungsdaten einsetzt.

Dieser „freie" Zugang zu wichtigen medizinischen Informationen wie insbesondere Gesundheitsdaten hilft medizinischen Fachkräften, die erforderlichen Maßnahmen schneller als mit herkömmlichen Methoden zu koordinieren.

Eine **dezentralisierte Datendrehscheibe** stellt eine aussichtsreiche Lösung für den **Austausch von Gesundheits- und Genomdaten** dar. Dies ermöglicht es Patienten, Angehörigen der Gesundheitsberufe, Behörden, Forschern, Anbietern von Gesundheitsdienstleistungen u. a., auf Daten zuzugreifen, zusammenzuarbeiten, sich zu vernetzen und Partnerschaften zu bilden. Die Kooperation zwischen diesen Parteien würde u. a. zu einer Effizienzsteigerung beitragen, da z. B. die Daten für die Durchführung klinischer Studien oder Unterstützung bei der Arzneimittelforschung und -entwicklung leichter verfügbar wären (➤ Kap. 4.3.6). Wenn solche Systeme innerhalb und über Organisationsgrenzen hinweg zusammenarbeiten, kann dies die effektive Gesundheitsversorgung entscheidend verbessern.

Interoperabilität ermöglicht es Leistungserbringern, Patientendaten gemeinsam sicher und unabhängig von den Standorten der Leistungserbringer oder den Beziehungen zwischen ihnen zu nutzen. Leider müssen dafür aufgrund **mangelnder Interoperabilität** mit den derzeitigen Datenaustauschsystemen weltweit pro Jahr noch etwa **200 Mrd. USD** aufgewendet werden [3]. Die aktuell genutzten IT-Systeme im Gesundheitswesen fördern **Silos** (was bedeutet, dass keine Vernetzung und kein Austausch untereinander stattfindet) und **erhöhen die Fehlerquoten** für eine erfolgreiche Identifizierung oder Integration der Gesundheitsdatensätze eines Patienten.

Die **sichere gemeinsame Datennutzung** ist von grundlegender Bedeutung für die Bereitstellung wirksamer kooperativer Behandlungen für Patienten. Die gemeinsame Nutzung von Daten trägt zur Verbesserung der diagnostischen Genauigkeit bei, indem z. B. Bestätigungen oder Empfehlungen von einer Gruppe medizinischer Experten zusammengefügt werden. Dadurch lassen sich u. a. Unzulänglichkeiten oder Fehler in Behandlungsplänen vermeiden. Die gesammelten Daten können Ärzten auch helfen, die Bedürfnisse von Patienten zu verstehen, was zu wirksameren Behandlungen führen kann.

Ungeachtet der Bedeutung der gemeinsamen Nutzung von Gesundheitsdaten ist es in den bestehenden Gesundheitssystemen häufig aber noch erforderlich, dass der Patient seine Krankenakte als physische Papierkopien von einem Arzt zum nächsten mitnimmt oder dass Ärzte elektronische Festplattenkopien untereinander austauschen. Dieses System ist aus vielerlei Gründen alles andere als ideal, nicht zuletzt deshalb, weil es sich um einen langsamen Prozess handelt, der Patienten in schlechtem Gesundheitszustand, die auf einen schnellen, lückenlosen und strukturierten Austausch ihrer Daten (z. B. Befunde) angewiesen sind, gefährden kann. Zudem bleibt so auch das **Gesamtbild** vom **Gesundheitszustand des Patienten**, seine Krankengeschichte, oftmals unvollständig oder fragmentarisch, weil seine Daten in unterschiedlichen Systemen gespeichert sind. Oftmals liegt die **Last der Nachverfolgung** (wann und wo die Behandlungen erhalten wurden etc.) und die Aufgabe, diese Informationen den verschiedenen behandelnden Ärzten verfügbar zu machen, beim **Patienten**.

Dieser **ineffektive Datenaustauschprozess** im Gesundheitswesen ist dabei teilweise auch auf das mangelnde Vertrauen zwischen den Anbietern und die mangelnde Interoperabilität zwischen IT-Systemen und Anwendungen im Gesundheitswesen zurückzuführen.

HINTERGRUNDWISSEN

- **Blockchainbasierte medizinische Aufzeichnungen** und Interoperabilität stellen einen Schwerpunkt bei der Rationalisierung des patientenzentrierten Versorgungsmanagements und der Leistungserbringung dar.
- **Blockchains zur Identitätsüberprüfung** können hier sehr helfen, dieses Ziel zu erreichen.

Eine große Sorge der Patienten ist, dass ihre Gesundheitsdaten ohne ihr Wissen oder ihre Zustimmung verkauft werden könnten, und die Teilnehmer an klinischen Studien wissen oft nicht, wie ihre Daten verwendet werden.

BEISPIEL

Im Jahr 2018 führte *Embleema* (https://embleema.com/) in den USA PatientTruth ein und wurde damit zu einem der ersten blockchainbasierten persönlichen Gesundheitsdatensysteme. PatientTruth bietet gemäß Firmenangaben folgende Vorteile:

- Patienten können ihre Gesundheitsgeschichte aus unterschiedlichen Gesundheitsdatensätzen zusammenstellen und erhalten aufgrund von Smart Contracts die Kontrolle über den Datenaustausch.
- Patienten können ihre Daten zur Unterstützung der Forschung weitergeben und gleichzeitig die Kontrolle über deren Verwendung behalten bzw. einen Teil des monetären Wertes ihrer Daten selbst erhalten.

Das System bietet zudem die Vorteile eines schnelleren Zugriffs auf Gesundheitsdaten und ist besonders vorteilhaft für **seltene Krankheiten** wie z. B. Mukoviszidose (zystische Fibrose). Embleema schloss sich für die Piloteinführung mit CysticFibrosis.com zusammen, der weltweit größten Online-Gemeinschaft für Mukoviszidose-Betroffene.

BEISPIEL

Pharmeum (https://pharmeum.io) bietet eine der weltweit ersten Blockchain- und KI-Lösungen für u. a. die Übertragung medizinischer Daten und digitaler Rezepte an.

Das Unternehmen nutzt **KI** u. a. mit dem Ziel, durch die Analyse von Patientendaten medizinische Fehler zu reduzieren und die Belastung der Leistungserbringer im Gesundheitswesen zu verringern.

HINTERGRUNDWISSEN

- Pharmeum hat eine Reihe bekannter Partner, darunter die Linux Foundation mit ihrem Hyperledger, den NHS und die National Westminster Bank (NatWest).
- Pharmeum gewährt den Benutzern die volle Kontrolle über die Daten, die sie zum Netzwerk beitragen.
- Zudem erhalten die Benutzer für ihren Beitrag passive Belohnungen in Form von **digitalen PHRM-Münzen.** Die so verdienten PHRM-Münzen können auf unzählige Arten genutzt werden, u. a. für Telemedizin, Fitness-Apps, aber auch für Medikamente und andere Gesundheitsdienstleistungen, und sie sind überall dort einsetzbar, wo **PHRMPay** eine akzeptierte Zahlungsmethode darstellt (vgl. These 3 in ➤ Kap. 5.1.3).

4.3.3 Dezentraler Marktplatz und innovative Vertragsmodelle für Krankenversicherungen

Anhand von Blockchain bieten sich neue wirtschaftliche Vorteile, u. a. die Rationalisierung von Arbeitsabläufen und die Automatisierung von Transaktionsdiensten in allen Bereichen des Gesundheitswesens.

Zudem ist davon auszugehen, dass dezentrale Versicherungs- und Zahlungsmodelle im Gesundheitswesen durch den Zugriff auf individuelle Gesundheitsdaten für den Aufbau einer Leistungsdatenbank und die an Förderung **verbraucherorientierter Versicherungsprogramme** Bedeutung gewinnen werden. Anspruchs- und Transaktionsdaten, die in Echtzeit vorliegen bzw. übermittelt werden, können zudem dazu beitragen, dass sich Zahler und Anbieter mehr und mehr von herkömmlichem Beschwerdemanagement und veralteten Zahlungsmodellen lösen und in Richtung innovativer Vertragsmodelle entwickeln werden, z. B. inklusive des Konzepts einer wertebasierten Erstattungsleistung (vgl. These 14 in ➤ Kap. 5.1.14).

BEISPIEL

Das von *IBM* geführte *Health Utility Network* will ein auf die Kostenträger im Gesundheitswesen ausgerichtetes Konsortium für z. B. Pilotprojekte unter Einsatz von Blockchain Technologie schaffen. Ziele sind u. a. die Optimierung abrechnungsbedingter hoher Verwaltungskosten und die Vermeidung von Fehlern.

Bislang sind die Versicherer verpflichtet, genaue Verzeichnisse der Anbieter von Gesundheitsleistungen zu führen – ein zeitaufwendiger und mühsamer Prozess, der oft mehrere E-Mails und Telefonanrufe erfordert, was u. a. die Verwaltungskosten in die Höhe treiben kann. Mithilfe des Blockchain-Netzwerks soll die **Datengenauigkeit** für

Anbieter, Aufsichtsbehörden und andere Beteiligte verbessert werden. Die Technologie wird auch einen schnelleren und sichereren Austausch von medizinischen Informationen ermöglichen, was die Duplizierung von Gesundheitsdaten und Verwaltungskosten reduzieren hilft. Es wird erwartet, dass Kooperationsprojekte wie dieses, an denen Gesundheitsdienstleister und Technologieunternehmen gleichermaßen beteiligt sind, zur Verbesserung der Transparenz und Interoperabilität in der Gesundheitsbranche beitragen werden.

Auf Lebensstil- und Gesundheitsdaten basierende Krankenversicherungspläne werden weltweit weiter an Popularität gewinnen. Blockchainbasierte Marktplätze bzw. Plattformen für Krankenversicherungen kann hierbei große Bedeutung zukommen. Dies eröffnet auch neue Geschäftsmöglichkeiten für Wearables (➤ Kap. 2.1.7) und sonstige mobile Anwendungen sowie Aggregatoren von Gesundheitsdaten, um auf solchen Marktplätzen zusammenzuarbeiten.

BEISPIEL

Zikto Pte ist ein in Südkorea ansässiges Start-up-Unternehmen im Bereich Gesundheitstechnologie, das tragbare Fitnessgeräte zur Haltungskontrolle und eine Datenintegrationsplattform für mehrere Geräte anbietet.

Das Unternehmen hat einen dezentralisierten Marktplatz für Krankenversicherungen namens *Insureum* (https://insureum.co/product) geschaffen, um Krankenkassen, Anbieter, Verbraucher und Entwickler von Drittlösungen miteinander zu verbinden, mit der Maßgabe, versicherungsbezogene Gesundheits- und Lebensstildaten auf einfache, aber sichere Weise auszutauschen.

Der Insureum-Marktplatz stellt den Kostenträgerorganisationen personalisierte Gesundheitsdaten zur Verfügung, um bessere Konzepte und Regelwerke zu schaffen. Anbieter von medizinischen Wearables und mobilen Apps werden ermutigt, dem Insureum-Marktplatz beizutreten. Benutzer bzw. Versicherte erhalten die Möglichkeit, ihre **anonymisierten Daten** auf dem Marktplatz von Insureum weiterzugeben bzw. zu handeln und erhalten dafür eine **Vergütung**, die sie später zur Zahlung ihrer Versicherungsprämie oder sogar zum Online-Shopping nutzen können (vgl. These 3 in ➤ Kap. 5.1.3).

4.3.4 Datenaustausch bei Telemedizin

Telemedizinische Dienste und die daraus resultierenden Daten sind in der Regel in anderen Netzwerken angesiedelt als jene, in denen die Patientendaten hinterlegt sind, was die Effizienz der Versorgung beeinträchtigen kann. Es kann vorkommen, dass telemedizinisch erhobene Gesundheitsdaten für die Primärversorger des Patienten nicht zugänglich sind, sodass seine Krankengeschichte ggf. unvollständig bleibt, was sich auf die Gesamtqualität seiner Versorgung auswirken kann.

BEISPIEL

MyClinic (https://myclinic.com/) ist eine telemedizinische Plattform mit Blockchain-Technologie. Sie ermöglicht es den Benutzern, an Videokonsultationen mit medizinischem Fachpersonal teilzunehmen und dafür mit Kryptowährung zu bezahlen.

MyClinic war die erste Anwendung, die von *Medicalchain* (https://medicalchain.com/en/), einem auf die Anwendung von Blockchain für ePAs spezialisierten Unternehmen, eingeführt wurde. Der Dienst verbindet Patienten über eine Videokonsultationsplattform mit ihrem Arzt; darüber hinaus können aber z. B. auch Klinikärzte auf die ePA des Patienten zugreifen, die über das Gesundheitspass-System von Medicalchain gespeichert ist.

BEISPIEL

Die Gesundheitsexperten von *ScriptDrop* (https://scriptdrop.co/) liefern Rezeptverschreibungen direkt an den Patienten; ein virtueller Assistent erinnert ihn daran, wann seine nächste Medikamentendosis fällig ist bzw. wie er die verordnete Medikation einzunehmen hat. ScriptDrop nutzt dabei die Blockchain, um alle aus diesen Quellen resultierenden Patientendaten zusammenzuführen. Daraus wird dann für jeden Benutzer ein Compliance-Profil erstellt. Auch hier wird der Nutzer mit digitalen Münzen für seine Therapietreue belohnt (vgl. These 3 in ➤ Kap. 5.1.3).

4.3.5 Track & Trace bei Lieferketten und Authentizität von Arzneimitteln

Die Versorgung der Patienten mit den richtigen Arzneimitteln zur präzisen Einnahmezeit ist essenziell im Gesundheitswesen. Allerdings ist die Arzneimittelversorgung bzw. deren Lieferkette insbesondere angesichts der Bedrohung durch **Fälschungen, Diebstahl** und die Herausforderung sich ständig ändernder **regulatorischer und sicherheitstechnischer Anforderungen** zunehmend komplexer geworden. Nicht nur, aber gerade für Pharmaunternehmen ist es existenziell wichtig, dass sie über eine sichere Lieferkette verfügen, insbesondere für streng regulierte Medikamente, die sie herstellen und verkaufen. Insbesondere gefälschte Medikamente stellen eine große Bedrohung dar, denn sie haben immense negative Auswirkungen auf die Gesellschaft und kosten die betroffenen Unternehmen jährlich Millionen von Dollar.

HINTERGRUNDWISSEN

- Pharmaunternehmen erleiden weltweit allein durch **gefälschte Arzneimittel** einen geschätzten jährlichen Verlust von etwa **200 Mrd. USD** [3].
- Bei **Ladungsdiebstählen** kommen auf den europäischen Märkten jedes Jahr durchschnittlich Medikamente im Wert von **33,5 Mio. USD** abhanden [3].
- Ein Mangel an globalen Standards und die verschiedenen Vorschriften zur Serialisierung und Rückverfolgbarkeit von Arzneimitteln machen es für Arzneimittelhersteller, Lizenzgeber, Vertreiber etc. schwierig, die Einhaltung der Vorschriften stringent zu gewährleisten.

Daher ist die **chronologische und lückenlose Dokumentation bzw. Rückverfolgbarkeit** („Track & Trace") des **Herstellungs- bzw. Lieferprozesses** essenziell im Gesundheitswesen. Im besten Fall reicht diese von den einzelnen Schritten der Rohstoffgewinnung über die Herstellung bis hin zur Auslieferung des richtigen Arzneimittels zur richtigen Zeit an den richtigen Ort bzw. Patienten.

Blockchain eröffnet vielfältige Anwendungsmöglichkeiten bei Lieferketten, in denen im Rahmen von aufeinanderfolgenden Transaktionen nachverfolgbare physische Produktbestandteile bzw. Produkte durch ein System bewegt werden. Vorteilhaft kann sich die Anwendung von Blockchain daher für Arzneimittelhersteller bzw. Pharmaunternehmen, Vertriebshändler, Großhändler, Aufsichts- bzw. Regulierungsbehörden, aber auch für Krankenhäuser und letztendlich für den Patienten darstellen, die auf diese Weise Informationen nahtlos untereinander austauschen können.

Auch sog. Pharmaspender können von den Vorteilen profitieren. Unter einem Spender versteht man gemäß dem US-amerikanischen **Drug Supply Chain Security Act (DSCSA)** Einzelhandelsapotheken, Krankenhausapotheken bzw. Gruppen von Apotheken, die sich im gemeinsamen Besitz und unter gemeinsamer Kontrolle befinden, aber nicht als Großhändler fungieren, oder eine Person, die gesetzlich zur Abgabe oder Verabreichung von verschreibungspflichtigen Arzneimitteln befugt ist, die angeschlossenen Lager oder Vertriebszentren dieser Unternehmen, die sich im gemeinsamen Eigentum und unter gemeinsamer Kontrolle befinden und nicht als Großhändler fungieren.

HINTERGRUNDWISSEN

Jedes Unternehmen in der Blockchain kontrolliert dabei einen oder mehrere Knotenpunkte. Jedes Mal, wenn ein Unternehmen eine **Transaktion** mit einem anderen Unternehmen in der **Lieferkette** abschließt, wird diese Transaktion in der Blockchain aufgezeichnet und validiert.

Gegenwärtig erfordern Lieferkettenprozesse zahlreiche, oft auch manuelle Übergaben, wenn ein Produkt vom Ursprungs- zum Bestimmungsort transportiert wird. Haupthindernisse bei der Bekämpfung von Arzneimittelbetrug sind daher mangelnde **Lieferkettentransparenz** und fehlende Nachweise der **Arzneimittelauthentizität**. Ohne Transparenz an allen Punkten der Lieferkette ist es schwierig, die Quelle der Übertretung zu identifizieren oder die Authentizität des Produkts zu überprüfen.

Alles, was mit Track&Trace-Technologie zu tun hat, wie z. B. die pharmazeutische Lieferkette, bietet sich für den Einsatz der Blockchain-Technologie an, da mehrere Parteien beteiligt sind und **Datenintegrität** ein wichtiges Anliegen darstellt.

Gefälschte Arzneimittel können schwerwiegende Konsequenzen haben; sie reichen von monetären Schäden über Reputationsschäden bis hin zum Tod von Patienten und betreffen sowohl den stationären als auch den Online-Handel von Arzneimitteln.

BEISPIEL

Dies veranlasste 2017 das Technologieunternehmen *Chronicled* (www.chronicled.com/) dazu, in Partnerschaft mit führenden Pharmaherstellern und Großhändlern das *MediLedger-Blockchain-Projekt* ins Leben zu rufen, um Blockchain-Anwendungen zur Einhaltung des DSCSA in den USA zu erforschen.

Das MediLedger-Projekt konzentriert sich auf die Bereitstellung von Track&Trace-Funktionen für die an der pharmazeutischen Lieferkette Beteiligten. Das Projekt umfasst Teams von *AmerisourceBergen*, *Pfizer*, *Gilead*, *Genentech* und *McKesson*.

Das Projekt mit dem Namen *MediLedger Product Solution* wurde im Juli 2019 ins Leben gerufen und zielt darauf ab, die Akteure der Arzneimittellieferkette bei der Erfüllung der DSCSA-Anforderungen zu unterstützen.

HINTERGRUNDWISSEN

Der **DSCSA** ist die US-amerikanische Initiative zur **Verhinderung** der Einführung und des Vertriebs von **gefälschten Arzneimitteln**. Hauptziel ist es, Pharmaherstellern, Großhändlern, Verpackungs- und Logistikunternehmen sowie Apotheken die Möglichkeit zu eröffnen, genau nachzuverfolgen, wo sich ein Medikament bzw. die Medikamentenverpackung in der Lieferkette befindet und entsprechende Informationen auszutauschen.

DSCSA-Konformität erfordert von Pharmaunternehmen das Erfassen von Transaktionsinformationen, -verlauf und -nachweis des Vorbesitzers sowie Weitergabe an den nächsten Eigentümer des Produkts.

Die pharmazeutische **Serialisierung** und Rückverfolgbarkeit trägt entscheidend zur Modernisierung der Pharmaindustrie bei.

Auch bei von Unternehmen oder Aufsichtsbehörden veranlassten **Rückrufaktionen oder Warnungen** kann Blockchain entscheidende Vorteile bieten. So kann z. B. eine Apotheke anhand der Blockchain sicherstellen, dass ein zurückgerufenes oder verdächtiges Produkt nicht versehentlich an einen Patienten abgegeben wurde.

Zusammenfassend lässt sich festhalten, dass die Anwendung von Blockchain mit seinen Charakteristika eines dezentralen Netzwerks ohne einen zentralen Administrator ein großes Potenzial für pharmazeutische Lieferketten und Arzneimitteltransparenz bietet (➤ Kap. 4.5) und dabei helfen kann, die zuverlässige Übergabe der richtigen Medikamente zur verordneten Einnahmezeit an den Patienten zu gewährleisten.

4.3.6 Neuland bei (virtuellen und nichtvirtuellen) klinischen Studien

Als dezentralisierte und sichere Datenbank bietet die Blockchain-Technologie vielversprechende Möglichkeiten, um etliche der bislang ungelösten Probleme rund um das Datenmanagement bei der Durchführung klinischer Studien zu lösen.

Klinische Studien stellen einen **sehr teuren, arbeitsintensiven** und **nicht immer effizienten** Teil des Arzneimittelentwicklungsprozesses dar. Schwierigkeiten bei der **Identifizierung und Rekrutierung qualifizierter Teilnehmer**, die Bewältigung **hoher Ausfallraten** und die **Verwaltung von Tausenden von Teilnehmern** über einen **längeren Zeitraum** verursachen hohe Kosten. Die Durchführung klinischer Studien ist zudem kostenintensiv, da **qualifiziertes medizinisches Vollzeitpersonal** eingestellt werden muss und die Teilnehmer aus einer vordefinierten Region mit Zugang zu speziellen Einrichtungen für klinische Studien rekrutiert werden müssen. Diese **geografische Eingrenzung** schränkt wiederum die Größe und Demografie des Patientenpools ein.

Virtuelle klinische Studien erweitern diesen Patientenpool, verringern den Bedarf an medizinischem Vollzeitpersonal und erhöhen die Patientenbindung. Pharmazeutische Unternehmen wie *Pfizer, Merck, Sanofi, GSK* und *Novartis* haben virtuelle Ansätze implementiert, insbesondere bei nichtinterventionellen klinischen Studien. Die Blockchain-Technologie fungiert dabei als Datenspeicher für virtuelle klinische Studien und gewährleistet Datenintegrität, Datensicherheit und Datenschutz, um damit die Anforderungen der Aufsichtsbehörden zu erfüllen.

HINTERGRUNDWISSEN

Blockchain hat das Potenzial, sowohl virtuelle als auch nichtvirtuelle klinische Studien in vielerlei Hinsicht zu **verbessern**, u. a. durch:

- Einsatz verbesserter virtueller klinischer Prüfungen
- Erhöhung der Transparenz
- Rückverfolgung der Einwilligung der Studienteilnehmer
- Verbesserung der Qualität und Zuverlässigkeit klinischer Prüfdaten
- Sicherstellung von Datenintegrität und Validierung der Abläufe

Dies wird die Art und Weise, wie die von Studienteilnehmern bzw. Patienten gelieferten Daten geprüft werden, grundlegend verändern. Blockchain kann dabei die **inhaltliche Genauigkeit und Chronologie** der Daten aus klinischen Studien sicherstellen, was die Integrität der in die Auswertung einfließenden Daten gewährleistet.

Blockchain könnte auch die Anzahl und Eignung von Studienteilnehmern, die für eine klinische Studie rekrutiert werden, auf verschiedene Weise erhöhen. Zum Beispiel könnten Personen, die zur Teilnahme an klinischen Studien bereit sind, ihre medizinischen Daten dort anonym speichern. Diese **anonymisierten Daten** wären dann für diejenigen, die eine Studie durchführen wollen, sichtbar. Sollten diese Daten für die klinische Studie geeignet sein, könnten sich die Organisatoren der Studie an die Probanden im Rahmen der Blockchain wenden, um nachzufragen, ob sie die Daten nutzen dürfen.

Zu den häufigen Problemen bei klinischen Studien gehören auch das Versäumnis, eine schriftliche Einwilligung einzuholen, nicht genehmigte Formulare, ungültige Einverständniserklärungen und das Versäumnis, nach Protokolländerungen erneut die Einwilligung der Studienteilnehmer einzuholen. Diese **Abwicklung formaler Erfordernisse** bei klinischen Studien könnte durch Blockchain erleichtert werden. Die Patienteneinwilligung beinhaltet, dass der Patient über jeden Schritt im Prozess der klinischen Prüfung, einschließlich möglicher Risiken, hinreichend aufgeklärt wird. Die Zustimmung zur Teilnahme an einer klinischen Studie und alle nachträglichen Änderungen am Studienprotokoll können anhand von Blockchain für die Studienteilnehmer und alle Beteiligten transparent und jederzeit nachvollziehbar gemacht werden. Im Zusammenhang mit Smart Contracts, die Transparenz und Nachvollziehbarkeit klinischer Studien unterstützen, könnten auch finanzielle Anreize für die Teilnahme eines Patienten und die gemeinsame Nutzung seiner Daten gesetzt werden.

BEISPIEL

Ein Beispiel für die Anwendung von Blockchain in klinischen Studien ist die Verwendung von *Block-Trial*. Dabei handelt es sich um ein System, das eine webbasierte Schnittstelle nutzt, welche die Verwendung von studienbezogenen Smart Contracts in einem Ethereum-Netzwerk erleichtert.

Über dieses System können Patienten Forschern Zugang zu ihren Daten gewähren; zudem ermöglicht es Forschern, Zugang zu Daten zu beantragen, die außerhalb der Blockchain gespeichert sind. Durch das Erlauben von direktem Zugriff auf die Patientendaten außerhalb der Blockchain kann BlockTrial somit die Zuverlässigkeit der im Rahmen von klinischen Forschung erhobenen Daten erhöhen und auch die Patienten in die Lage versetzen, eine aktive Rolle im Forschungsprozess zu spielen.

Das von *Consilx* (www.consilx.com/) entwickelte *LifeLedger™* ist eine patientenzentrierte Platt-form, die in einer einzigen Anwendung integriertes Einwilligungsmanagement, Patientenbe-teiligung durch Echtzeitinteraktion und klinische Nachverfolgung von Lieferungen anbietet. Die Plattform verwendet einen KI-basierten Algorithmus und identifiziert potenzielle Patienten auf der Grundlage von Ein- und/oder Ausschlusskriterien.

Die LifeLedger™-Plattform verwendet verschiedene Technologien mit Blockchain als Rückgrat für die automatische und sichere Datenaggregation. Dies trägt wesentlich zur Verbesserung der Interoperabilität und Forschungskooperation bei. Für die Zukunft ist die Schaffung einer blockchainbasierten Gemeinschaft für die Zusammenarbeit und den selektiven Datenaustausch zwischen Pharmaunternehmen geplant, um ins-besondere die klinische Entwicklung und Vermarktung zukünftiger Medikamente zu beschleunigen.

4.4 Bewältigung von Pandemien: Kann Blockchain-Innovation helfen?

Die COVID-19-Pandemie stellt eine der größten Herausforderungen unserer jüngsten Geschichte für die Gesundheitssysteme weltweit dar. Die Bewältigung dieser globalen Gesundheitskrise hat den Verbesserungsbedarf in einigen Bereichen des Gesundheits-wesens mit aller Deutlichkeit aufgezeigt. Zwar ist dieser je nach Land individuell ausge-prägt, gemeinsam ist aber allen Gesundheitssystemen die Erkenntnis, dass u. a. die derzeit verfügbaren Infrastrukturen für die Berichterstattung über Infektionskrankheiten in vielerlei Hinsicht, insbesondere aus technologischer Perspektive, verbesserungsbedürftig sind. Das COVID-19-Virus hat Länder und Einzelpersonen weltweit auf vielfältige Weise getroffen, von Schul- und Betriebsschließungen bis hin zu Krankenversicherungsfragen, ganz zu schweigen von den unzähligen Todesfällen.

HINTERGRUNDWISSEN

Während sich die Regierungen weltweit darum bemühen, adäquate Lösungen für die vielfälti-gen mit COVID-19 zusammenhängenden Probleme zu finden, haben sich parallel dazu praktische Lösungsansätze herauskristallisiert, die auf Blockchain beruhen.

Neben den bereits existierenden praktischen Lösungen gibt es weitere theoretische Anwendungsbereiche (➤ Abb. 4.3), bei denen sich der Einsatz von Blockchain als hilf-reich erweisen könnte, um die Herausforderungen durch COVID-19, aber auch durch mögliche zukünftige Pandemien erfolgreich zu meistern. Einige davon werden in den folgenden Abschnitten kurz skizziert.

Verschlüsselung von
Testergebnissen

Rückverfolgung von
Infektionsketten und
Früherkennung von Hotspots

Transparenz und
Datensicherheit bei Corona-
Tracking-Apps

Nachverfolgung von Spenden
und Finanzierungen bei
Impfstoffentwicklung

Krisenmanagement und
Belegbettenkapazität

Sicherung medizinischer
Versorgungsketten und
klinischer Studien

Abb. 4.3 Blockchain-Anwendungsfelder für die Bewältigung von Pandemien [P837, L143, J787]

4.4.1 Rückverfolgung von Infektionsketten und Früherkennung von Hotspots

Blockchain lässt sich zur Nachverfolgung der Überwachung von für das öffentliche Gesundheitswesen relevanten Daten einsetzen, insbesondere bei Ausbrüchen von Infektionskrankheiten wie COVID-19. Die erhöhte **Transparenz** der Blockchain führt zu einer **genaueren Berichterstattung** und ermöglicht **effizientere Reaktionen**. Blockchain kann durch rasche Verarbeitung der Daten indirekt zur **schnelleren Entwicklung von Lösungskonzepten** beitragen. So könnte die Früherkennung von Symptomen erleichtert werden, bevor sich Infektionen epidemisch ausbreiten. Darüber hinaus können die relevanten Stellen auf diese Weise die Virusaktivität, sprich infizierte Patienten, vermutete neue Fälle u. Ä. nachverfolgen.

B E I S P I E L

Die *Weltgesundheitsorganisation* (engl. World Health Organization, WHO) arbeitet mit Blockchain- und anderen Technologieunternehmen an einem Programm zur Datenübermittlung im Rahmen der COVID-19-Pandemie, genannt *MiPasa* (https://app.mipasa.org/about).

Bei dem Programm handelt es sich um eine Blockchain-Technologie mit dem Ziel, zur Früherkennung des Virus sowie zur Identifizierung von Infizierten und Hotspots beizutragen.

H I N T E R G R U N D W I S S E N

Das auf dem Hyperledger Fabric Framework basierende **MiPasa-Programm** wurde in Partnerschaft mit IBM, Oracle, der Enterprise-Blockchain-Plattform HACERA und dem IT-Konzern Microsoft entwickelt.

Die Anwendung erhebt den Anspruch, Informationen nur zwischen jenen Beteiligten auszutauschen, die zwingend über diese Daten Kenntnis haben müssen, z. B. die Gesundheitsämter.

4.4.2 Transparenz und Datensicherheit von Corona-Tracking-Apps

Da sich COVID-19 rasch auf der ganzen Welt verbreitet, setzen Regierungen sowie Vertreter des Gesundheitswesens zusammen mit Forschern und Technologieunternehmen verstärkt auf Mobilfunktechnologie.

BEISPIEL

In diese Kategorie fallen die im Frühjahr 2020 der Öffentlichkeit vorgestellten Apps wie beispielsweise die *deutsche Corona-App*, die *WAZE for COVID der WHO* und die *britische COVID Tracking App*.

Diese Apps wurden in Zusammenarbeit mit *Apple* und *Google* entwickelt, wodurch die Kompatibilität mit iOS und Android gewährleistet ist. Da die überwiegende Mehrheit der Bevölkerung inzwischen Smartphones besitzt, erscheint diese digitale Form der Kontaktverfolgung besonders naheliegend.

HINTERGRUNDWISSEN

Es gibt verschiedene Arten von COVID-19-Mobilfunkapplikationen, die sowohl mit **zentralisierten** als auch mit **dezentralisierten** Konzepten zur Ermittlung von Kontaktpersonen arbeiten.
- Einige davon nutzen die Geolokalisierungsfunktionalität, während andere auf die Bluetooth-basierte Annäherungsverfolgung setzen.
- Darüber hinaus gibt es auch Self-Reporting-Anwendungen, bei denen Endbenutzer Fragebögen beantworten oder weitere Informationen zur Verfügung stellen, von denen einige auch Gesundheitsinformationen enthalten können.

Da sich diese Tracking-Anwendungen weiterentwickeln und im Kampf gegen Coronaviren als wichtig erachtet werden, sind einige Entwickler bestrebt, die Blockchain-Technologie einzusetzen, um einerseits Transparenz zu gewährleisten und gleichzeitig die Privatsphäre der Nutzer noch besser zu schützen. Eine Regierung könnte z. B. eine Tracking-Anwendung auf einer Blockchain veranlassen, bei der die Identitäten der Benutzer mittels Kryptografie geschützt und digitale Signaturen zur Authentifizierung und Validierung verwendet werden. Die Blockchain würde die nahtlose Konnektivität von Daten der App mit Gesundheitsdaten, Laborergebnissen usw. ermöglichen und die Gültigkeit, Authentizität und Transparenz dieser Daten für die verschiedenen Beteiligten sicherstellen.

4.4.3 Verschlüsselung von Testergebnissen und Einsatz von Gesundheitszertifikaten

Blockchain findet bereits aktuell im Rahmen von COVID-19-Tests Anwendung.

BEISPIEL

Bürger in **Zypern**, die sich vor Ort im COVID-19-Labor des Mediterranean Hospital einer Echt-zeitdiagnostik und einem Antikörpertest unterziehen, erhalten ihre medizinischen Unterlagen und Testdaten unter Verwendung von Blockchain-Technologie:
- Ihre Datensätze werden verschlüsselt, gehasht und auf die *The E-NewHealthLife* -Blockchain-Plattform von *VeChain* (www.vechain.com/) und *I-Dante* (www.i-dante.com/) zur Verwaltung medizinischer Aufzeichnungen hochgeladen, wo Patienten ihre COVID-19-Testergebnisse einsehen und mit anderen teilen können.
- Zudem werden die Ergebnisse auf der App *E-HCert* zur Verfügung gestellt.

4

Dies kann die Kosten, die durch die Speicherung und die gemeinsame Nutzung von Daten entstehen, senken. Es wird behauptet, dass die E-HCert-App fälschungssichere Testergeb-nisse anzeigt und den Patienten die volle Kontrolle über ihre Daten und medizinischen Aufzeichnungen gibt. Die aus der App bzw. den Testergebnissen ableitbaren Gesundheits-bescheinigungen können auch als Nachweis über den Gesundheitszustand dienen; daraus lässt sich ableiten, ob Patienten in Zypern die lokalen Quarantäne- und Gesundheitsvor-schriften einhalten müssen oder zur Arbeit zurückkehren, ins Ausland fliegen oder ande-ren Aktivitäten nachgehen dürfen.

4.4.4 Nachverfolgung von Spenden und Finanzierungen für Impfstoffentwicklung

Angesichts der COVID-10-Pandemie wird die Entwicklung von Impfstoffen und zielge-richteten Therapeutika mit großer Geschwindigkeit vorangetrieben ist. In diesem Zusam-menhang ist weltweit eine große Spendenbereitschaft zur Bekämpfung des Virus und dessen Auswirkungen zu verzeichnen.

In Bezug auf beide Aspekte sind Transparenz und Vertrauen u. a. darin, dass das Geld auch dort ankommt, wofür es ursprünglich vorgesehen war, maßgebliche Aspekte für den Erfolg der damit verbundenen Maßnahmen. Es wurde wiederholt die Sorge geäußert, dass die Millionen von Dollar, die gespendet werden, nicht dort zum Einsatz kommen, wo sie dringend gebraucht werden.

Auch dafür bietet Blockchain eine Lösung an, denn mithilfe der Blockchain-Fähigkeiten können Spender sehen, wo die Mittel am dringendsten benötigt werden und ihre Spenden so lange verfolgen, bis sie die Bestätigung erhalten, dass ihre Beiträge an die intendierten Empfänger gegangen sind. Auch können die Spender auf diese Wiese nachvollziehen, wofür ihre Spenden verwendet und welche Fortschritte damit erzielt wurden. Das Gleiche gilt für Finanzierungen bei der Entwicklung von Impfstoffen und Therapeutika.

4.4.5 Krisenmanagement und Belegbettenkapazität

Blockchain kann bei Krisensituationen wie der COVID-19-Pandemie zu einem effektiven Krisenmanagement und zur Eindämmung des Virus beitragen. Mittels Blockchain-Technologie erhalten z. B. Regierungen, Behörden, medizinische Fachkräfte und Forscher **sofortigen Zugriff auf aktuelle und genaue Informationen**. Dadurch können **globale** Institutionen wie die WHO negative Entwicklungen rechtzeitig und transparent erkennen, entsprechende Rückschlüsse ziehen. So könnten z. B. Smart-Contracts dafür genutzt werden, um im Sinne eines Frühwarnsystems einen Alarm bei Gesundheitsämtern auszulösen, sobald eine vordefinierte Grenze bzw. Menge an Infizierten überschritten ist. Infolgedessen können geeignete Gegenmaßnahmen ergriffen werden. Auch der Informationsfluss zu den Medien kann so effektiv gestaltet werden, was zur Eindämmung des Virus beitragen kann.

Auch in Bezug auf die verfügbaren Krankenhauskapazitäten (Anzahl von Krankenhausbetten bzw. der knapperen Intensivbetten) bietet die Blockchain-Technologie eine **sichere** Plattform, über die sich alle an der Bekämpfung von COVID-19 Beteiligten gegenseitig über die Belegungssituation auf dem Laufenden halten und so verhindern können, dass die Lage eskaliert.

4.4.6 Sicherung der medizinischen Versorgungsketten und klinischer Studien

Blockchain hat seine Qualitäten als Lieferkettenmanagement-Tool bereits in verschiedenen Branchen unter Beweis gestellt (➤ Kap. 4.3.5); so könnte diese Technologie auch bei der Verfolgung und Rückverfolgung medizinischer Versorgungs- bzw. Lieferketten im Zusammenhang mit COVID-19 von Nutzen sein.

Auf Blockchain basierende Plattformen können bei der Überprüfung, Aufzeichnung und Verfolgung von Nachfrage, Angebot und Logistik von Materialien zur Epidemieprävention und -bekämpfung helfen. Da an Lieferketten mehrere Parteien beteiligt sind, ist der gesamte **Aufzeichnungs- und Verifizierungsprozess** für jede Partei **manipulationssicher** und ermöglicht es gleichzeitig jedem, den Ablauf **zu verfolgen**.

Blockchain könnte zudem dazu beitragen, die medizinischen Versorgungsketten bei **Engpässen** zu rationalisieren und sicherzustellen, dass Ärzte und Patienten zu jeder Zeit und an jedem Ort Zugang zu den benötigten Hilfsmitteln haben, und gleichzeitig gewährleisten, dass diese in ausreichenden Mengen zur Verfügung stehen (z. B. Masken, Schutzkleidung, Beatmungsgeräte, Desinfektionsmittel etc.).

Auch bei den klinischen Studien im Rahmen der Entwicklung von Impfstoffen und gezielt einsetzbaren Therapeutika kann Blockchain große Vorteile bieten (➤ Kap. 4.3.6).

4.5 Fazit

Auf der Grundlage der in den verschiedenen Abschnitten dieses Kapitels an zahlreichen Beispielen dargestellten industriespezifischen Blockchain-Anwendungen im Gesundheitswesen kristallisiert sich eine Vielzahl von Vorteilen dieser Technologie heraus:

- Vorrangig anzuführen sind die bereits wiederholt genannten Aspekte eines **dezentralen, transparenten und neutralen Netzwerks ohne Eingriffsbefugnisse einer zentralen Autorität.** Jeder Teilnehmer ist Eigentümer seiner Daten, Transaktionen lassen sich bis ins kleinste Detail rückverfolgen und können nicht im Nachhinein geändert werden, da sämtliche Transaktionsnachweise auf der Blockchain hinterlegt und für alle daran Beteiligten einsehbar sind. Dies ermöglicht es den Empfängern von Produkten, ihre Quellen mit größerer Sicherheit zu validieren.
- Das **Vertrauen** in sämtliche Handlungen, die sich auf die Blockchain zurückführen lassen, kann somit wesentlich intensiviert werden. Dass die jeweiligen Transaktionen im **Peer-to-Peer-Netzwerk** erfolgen, d. h. in einem Netzwerk, bei dem die Teilnehmer direkt miteinander verknüpft sind und die gleichen Rechte besitzen, erlaubt eine erhebliche **Vereinfachung** des Datentransfers, der Abstimmung von Transaktionen, der automatischen Übertragung sowie der gemeinsamen Nutzung und Überprüfung von Daten und in der Folge auch **Zeit- und Kostenersparnis.** Darüber hinaus helfen Smart Contracts, die **automatische Einhaltung von Vertragsregeln** sicherzustellen oder, wenn bestimmte Bedingungen erfüllt sind, **Aktionen auszulösen** (➤ Kap. 4.1.3, ➤ Kap. 4.4.5).
- Da zudem bei einer Blockchain alle Daten redundant auf allen Netzwerkservern gespeichert sind, verfügt jeder Server über eine identische Kopie der Blockchain. Der Ausfall eines Knotens bzw. Servers beeinträchtigt das Netz für die anderen Knoten nicht. Dieses funktioniert vielmehr weiter, und sobald der Knoten zurück am Netz ist, wird die aktuelle Kopie von einem der anderen Knoten heruntergeladen. Diese **Fehlertoleranz** gehört zu den Besonderheiten dezentraler Systeme. Bei einem gezielten Angriff zur Ausschaltung eines ganzen Blockchain-Netzwerks müsste somit eine Vielzahl von Servern erfolgreich angegriffen werden. Bei einem zentralisierten System würde es ausreichen, den zentralen Server lahmzulegen.

Allerdings gilt es, bei der Entscheidung für oder gegen Blockchain, wie auch bei entsprechenden Entscheidungen im Zusammenhang mit KI, eine **individuelle Analyse** der Ist- **und der angestrebten Soll-Situation** sowie eine gründliche **Kosten-Nutzen-Abwägung** vorzunehmen. Zwar kann es als Konsequenz der Anwendung von Blockchain zu Kosteneinsparungen kommen, aber natürlich müssen auch die monetären Aufwendungen für Investitions- und Servicebedarf (u. a. für Hard- und Software, Berater etc.) sowie die sonstigen mit der Anwendung von Blockchain einhergehenden Herausforderungen (➤ Kap. 4.2) in diese Abwägung einfließen.

Unbestritten ist, dass die Blockchain-Technologie weltweit im Gesundheitswesen in nicht allzu ferner Zukunft eine große Rolle spielen wird, dies in einigen Ländern, wie in den vorherigen Kapiteln dargestellt, bereits tut und dadurch bedingt zur weiteren Transformation des Gesundheitswesens beitragen wird.

QUELLEN
[1] Protenus 2019 Breach Barometer, „15M+ Patient Records Breached in 2018 as Hacking Incidents Continue to Climb", 2018, S. 1.
[2] Europäische Kommission, „Empfehlung (EU) 2019/243 der Kommission vom 6. Februar 2019 über ein europäisches Austauschformat für elektronische Patientenakten", Amtsblatt der Europäischen Union vom 11.2.2019, https://eur-lex.europa.eu/legal-content/DE/TXT/PDF/?uri=CELEX:32019H0243&from=EN (letzter Zugriff: 9.11.2020).
[3] Frost & Sullivan, „Global Blockchain Technology Market in the Healthcare Industry, 2018–2022", K31A-52, October 2019.

4

5 Die technologischen Trends und ihre Auswirkungen: Wohin entwickelt sich das Gesundheitswesen?

„Normalerweise wird einem nicht mit überwältigender Begeisterung begegnet, wenn man über das Gesundheitswesen spricht. Dies ändert sich schlagartig, wenn man die disruptiven Technologien und ihre Auswirkungen auf unsere Gesundheit und Zukunft erläutert."

Nicole Formica-Schiller

Ausgehend von den in den vorangegangenen Kapiteln dargestellten Aspekten der Entwicklungen im Gesundheitswesen muss man kein Prophet sein, um bereits jetzt vorhersagen zu können, dass sich unser Gesundheitssystem aufgrund des weltweiten digitalen Wandels und der fortschreitenden technologischen Entwicklungen wie KI, Blockchain, Big Data usw. in den kommenden Jahren grundlegend verändern wird. Die wesentliche Frage, die sich dabei stellt, lautet: In welche Richtung wird sich das Gesundheitswesen entwickeln?

Dabei geht es bei der zukünftigen Gestaltung des Gesundheitswesens nicht darum, als der Beste, Schnellste oder Kritischste an der Umsetzung der digitalen Möglichkeiten im Gesundheitssystem mitzuwirken. Vielmehr ist entscheidend, die technischen Möglichkeiten so zu nutzen, dass alle Menschen **unabhängig von Ort, Zeit und sozialem Status** – nach den Grundprinzipien von Solidarität und Gemeinwohl – die **bestmögliche Gesundheitsversorgung** erhalten.

Dabei hat dieser Wandel unser Gesundheitswesen in Teilen schon jetzt erfasst und lässt sich im Wesentlichen in zwei Hauptbereiche unterteilen:

- Zum einen betrifft er die Veränderung der bisherigen Strukturen und die am Gesundheitssystem Beteiligten, was zu einem **Gesundheitswesen 5.0** im Sinne eines „Disruptive Gesundheit"-Ansatzes führen wird.
- Zum anderen betrifft er die Disruption des Gesundheitswesens von außen durch die großen, vorwiegend amerikanischen Tech-Konzerne. Nennen wir diesen Ansatz **Dr. GAFAM 6.0**.

5.1 Gesundheitswesen 5.0: Disruption des bisherigen Systems

Durch den digitalen Wandel im Gesundheitswesen werden Strukturen, die sich in den vergangenen Jahrzehnten entwickelt haben, aufgebrochen und zunehmend in das Gegenteil verändert. Auch bislang allgemein geltende Grundregeln werden aufgeweicht bzw. es entstehen völlig neue Ansätze.

Die bisherige und die zukünftige Entwicklung des Gesundheitswesens sind in ➤ Abb. 5.1 schematisch skizziert, beginnend mit dem „Gesundheitswesen 1.0", bei welcher die Behandlung einer Vielzahl von Patienten mit häufig vorkommenden Krankheitsbildern im Fokus stand. Das gegenwärtige „Gesundheitswesen 4.0" (Digitalisierung) wird mit seinen technologischen Implikationen den Grundstein für ein **zukünftiges** Gesundheitswesen legen, das eng mit der Disruption durch die großen Tech-Konzerne verbunden ist (➤ Kap. 5.2). Lassen Sie uns diesen Ansatz **„Gesundheitswesen 5.0"** – bzw. mit seinen in Teilen futuristisch anmutenden Ansätzen sogar zukünftiges **„Gesundheitswesen 6.0"** – nennen, geprägt u. a. durch Dr. GAFAM und digitale Ökosysteme.

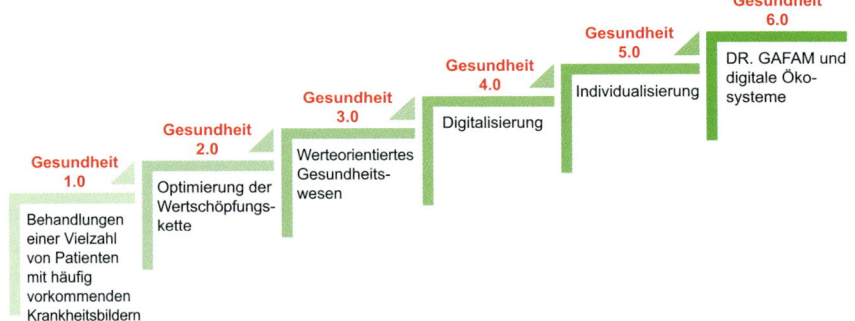

Abb. 5.1 Die Evolution des Gesundheitswesens von 1.0 bis 6.0 [P837, L143]

Betrachtet man die in der Realität mancherorts herrschenden Verhältnisse, könnte man vielleicht den Eindruck gewinnen, dass die Digitalisierung des Gesundheitswesens im Sinne von 4.0 mit Technologien wie u. a. KI und Blockchain kein Gegenwartsthema, sondern bestenfalls Zukunftsmusik ist. Dass dem nicht so ist, wurde in den vorherigen Kapiteln ausführlich dargestellt.

Unabhängig davon, wie weit die Digitalisierung des Gesundheitssystems in verschiedenen Ländern tatsächlich gegenwärtig schon fortgeschritten ist, ist es wichtig zu verstehen, worin die potenziellen Veränderungen bestehen können bzw. was die durch den technologischen Fortschritt bedingten wesentlichen Charakteristika eines solchen zukünftigen Gesundheitswesens 5.0 ausmacht. Hierzu werden nachfolgend **15 Thesen** aufgestellt.

5.1.1 Daten als Herzstück und Achillesferse des Gesundheitswesens

These 1

Anhand von Daten wird alles messbar in einer Welt radikaler Transparenz.

Umsatz- und Renditemargen sieht bereits jetzt ein Großteil der Tech-Giganten den Gesundheitssektor als eine der wachstumsstärksten Zukunftsbranchen und beginnt den Markt für sich zu erschließen (➤ Kap. 5.2). Auch hier stellt sich daher die Frage nach dem Dateneigentum und einem Vergütungssystem für die Bereitstellung personenbezogener Daten.

Unmittelbar damit verbunden ist der Themenkomplex einer potenziellen **Überregulierung** von Daten durch staatliche Stellen (Wer darf Zugriff auf welche Daten wozu und in welcher Form haben? etc.) sowie der Frage nach der **Haftung** (➤ Kap. 3.2.3) im Umgang mit personenbezogenen Daten (Wer haftet in welcher Form wann wofür? Welche Rechtsnorm ist gültig? Gibt es verbindliche nationale bzw. internationale Haftungsgrundlagen und Regressmöglichkeiten? etc.).

Durch den verstärkten Einsatz von KI und den dafür benötigten Datenmengen wird diesen Themen ein immer größerer Stellenwert in der öffentlichen Diskussion zukommen und der Bedarf an praxisorientierten Lösungsansätzen mehr und mehr zunehmen.

5.1.4 Personalisierte Medizin und Therapie aufgrund personenbezogener Daten

These 4

Personenbezogene Daten und das Konzept der individualisierten Behandlung werden zum Maß aller Dinge.

Der Fokus eines Gesundheitswesens 5.0 wird auf mehr personalisierter und patientenzentrierter Medizin liegen. Damit einhergehend werden zukünftig große Mengen an personenbezogenen Daten zur Verfügung stehen, die individualisiert bezogen bzw. individualisierbar gemacht werden können (vgl. These 1 in ➤ Kap. 5.1.1).

Zukünftige Behandlungen können aufgrund dieser Daten im Sinne einer personalisierten Zukunftsmedizin individuell gestaltet und angepasst werden. Waren bislang vom Patienten auszufüllende Fragebögen die Norm mit anschließender Anamnese etc., so bringt der Patient jetzt schon **Daten in Echtzeit** über seinen Gesundheitszustand und dessen Entwicklung, z.B. zwischen Arztterminen, mit zum Arzt. Diese Daten werden **direkt vom Patienten und seinem Umfeld**, z.B. mithilfe von Wearables, KI-basierten Apps oder anderen Geräten in Echtzeit erhoben, zusammengeführt und ausgewertet (vgl. These 9 in ➤ Kap. 5.1.9). Der Alltag des Patienten und seine damit zusammenhängenden Bedürfnisse werden zur digitalen Ausgangsbasis für seine zukünftigen Behandlungen.

Die Vielzahl an personenbezogenen Daten und die ständige Weiterentwicklung KI-basierter Anwendungen wird es den Leistungserbringern ermöglichen, ein Mehr an präzisen und auf den einzelnen Patienten zugeschnittenen Therapien anzubieten, die vom Leistungsempfänger auch eingefordert werden (vgl. These 6 in ➤ Kap. 5.1.6).

BEISPIEL

Dies bietet u.a. die Möglichkeit, bislang als zu **teuer, aufwendig** und **ergebnisoffen kategorisierte Therapien**, z.B. im Bereich Geneditierung bzw. Gensequenzierung in der onkologischen Behandlung, einem wesentlich **größeren Teil der Bevölkerung anzubieten** bzw. aus diesen Verfahren weitreichende Erkenntnisse zu ziehen. Auch für chronisch kranke Patienten eröffnet dies vollkommen neue Möglichkeiten. Somit können individuell erstellte und an die Wünsche und Bedürfnisse des Patienten angepasste Konzepte erarbeitet werden.

Ein entscheidender Mehrwert liegt dabei, wie vorab erwähnt, in der Möglichkeit, die Daten in Echtzeit zu erhalten und sich somit nicht mit einem zeitverzögerten Abbild des Gesundheitszustands von Patienten zufriedengeben zu müssen.

Zudem veralten die Daten nicht, sondern werden permanent aufbereitet, zusammengefasst und durch ständig neue hinzukommende Informationen aktualisiert. Blockchain-Plattformen können dabei helfen, dieses Verfahren wesentlich zu vereinfachen (➤ Kap. 4). Dies geht für alle Beteiligten mit einer **erhöhten Wertschöpfung** durch **nachhaltigere und bessere Behandlungsergebnisse** bei gleichzeitig **geringeren Kosten** für das Gesundheitssystem einher.

5.1.5 Prävention als maßgebendes Ziel mit dem Risiko von Selbstoptimierung durch digitale Selbstvermessung

> **These 5**
>
> Der Fokus wird auf Wohlergehen und Förderung des Erhalts von Gesundheit gelegt.

Üblicherweise wird bislang im Wesentlichen von einer klaren Trennung zwischen gesund und krank ausgegangen. Gesundheit wird meist ausschließlich über das Nicht-Vorhandensein von Krankheit definiert: Entweder man ist gesund, oder man ist krank. Danach richtet sich im Grunde das gesamte Gesundheitssystem aus. Überspitzt formuliert könnte man daher das Gesundheitswesen auch als Krankheitswesen bezeichnen.

Bisher konnten wir uns meist bis zu dem Tag gesund wähnen, an dem wir uns mit Schmerzen zum Arzt oder ins Krankenhaus begeben mussten. Von da an setzte die Maschinerie des Gesundheitssystems ein. Im schlimmsten Fall konnte dies bedeuten, dass wir in einer wahren Odyssee von einem Arzt zum nächsten gehen mussten, ohne dass eine zielführende Diagnose gestellt wurde, unbegründet Antibiotika verschrieben bekamen (Stichwort: zunehmende Antibiotikaresistenz, ➤ Kap. 1) oder stationär aufgenommen wurden.

Zukünftig wird es diese eindeutige **Abgrenzung** von **Gesundheit** gegenüber **Krankheit nicht mehr** geben. Die digitale Welt wird es ermöglichen, dass der Fokus auf Prävention und Erhaltung der Gesundheit gelegt wird anstatt nur auf die Behandlung von Krankheit.

BEISPIEL
- Smartwatches, Fitness-Tracker, Pulsuhren und E-Coaches etc. werden **Empfehlungen für einen gesunden Lebensstil** geben. Sensoren werden 24/7, (un-)mittelbar am Körper des Benutzers getragen, direkt dort Daten über dessen Gesundheitszustand sammeln und diese z. B. mithilfe von KI-basierten Apps auswerten (vgl. These 1 in ➤ Kap. 5.1.1, These 9 in ➤ Kap. 5.1.9).
- EKG-Auswertungen von Wearables, wie z. B. der Apple Watch, werden die Normwerte des Benutzers erfassen, diesen frühzeitig auf Abweichungen des Ist-Wertes vom Soll-Wert hinweisen und ihn mit entsprechenden präventiven Handlungsempfehlungen versorgen bzw. automatisch einen Arzttermin für ihn vereinbaren und seine Werte vorab an den Arzt senden.

All dies passiert bereits im Vorfeld, also **lange vor dem Entstehen einer Erkrankung**. Dadurch wird dem Anwender in Echtzeit ein Bild seines aktuellen Lebensstils und Gesundheitszustands vermittelt, und es können ihm Vorschläge zur Prävention von potenziellen Krankheiten und zur Verbesserung seines Gesundheitszustands, z. B. durch gesunde Ernährung, Meditation und Bewegung, unterbreitet werden.

Der Bürger wird so u. a. durch digitale Präventionsprogramme zu einem gesunden und bewussten Lebensstil angeregt, um zukünftigen Krankheiten vorzubeugen. Gesundheitsbewusstes Verhalten und potenzielle Verhaltensrisiken werden genauso wichtig sein wie rein medizinische Daten, z. B. Laborbefunde.

Im besten Falle motiviert dies den Bürger dazu, aktiv und präventiv zum Erhalt seiner Gesundheit beizutragen. Allerdings birgt dieser präventive Ansatz auch das Risiko von Selbstoptimierung, sog. **digitaler Selbstvermessung**, und **24/7-Monitoring**.

Daher ist es auch hier wichtig, dass der Bürger über eine entsprechende **digitale Kompetenz** verfügt (vgl. These 8 in ➤ Kap. 5.1.8), um mit den technischen Serviceangeboten verantwortungsvoll umgehen, sie richtig interpretieren und auch unter Einbindung von Experten managen zu können.

5.1.6 Verändertes Rollenverhältnis: der digitale Bürger als „Experte in eigener Sache"

> **These 6**
>
> Der digitale Bürger wird zum „selbstbestimmten Gesundheitsmanager" und verändert dadurch das Rollenverhältnis zwischen Leistungserbringer und -empfänger.

Die stetig wachsende Menge an Gesundheitsdaten wird die Art und Weise, wie der Bürger mit dem Gesundheitssystem interagiert, vollkommen verändern. Aufgrund der Vielzahl an technischen Möglichkeiten, die das Internet, Gesundheit-Apps, soziale Netzwerke, Wearables, Sensoren etc. bieten, stehen dem Bürger umfangreiche Informationsquellen zu gesundheitsrelevanten Themen sowie zur Erfassung und Auswertung seiner Gesundheitsdaten zur Verfügung.

BEISPIEL
- Mittels **KI-gestützter Chatbots** können Wissen und Informationen in großem Umfang zur Verfügung gestellt und parallel dazu Fragen der Nutzer in Dialogform über das Internet beantwortet werden.
- **Gesundheitsportale** ermöglichen den direkten Austausch unter Betroffenen. Die Liste ließe sich beliebig fortsetzen.

Durch diesen veränderten Zugang zu Informationen und Handlungsmöglichkeiten wird sich im besten Fall ein **mündiger digitaler Bürger** entwickeln, der vorinformiert viel bewusster an Arztgesprächen etc. teilnehmen und eine selbstbestimmte Rolle im zukünftigen Gesundheitswesen einnehmen wird. Der technologische Fortschritt wird ihm ein größeres Mitspracherecht bzw. mehr „Macht" in Bezug auf seine Gesundheit einräumen. Die stetig wachsende Fülle an Gesundheitsdaten verspricht, das Verhalten des Bürgers im Umgang mit dem Gesundheitswesen nachhaltig zu verändern.

Aufgrund der ihm durch technischen Fortschritt und digitale Anwendungen jetzt zur Verfügung stehenden Informationen wird er eine neue, andere Rolle beanspruchen: Er wird **aktiv einfordern**, im **Zentrum des Gesundheitssystems** zu stehen und den Gesundheitsprozess – zumindest in Teilen – mitzugestalten, **selbstbestimmt** Entscheidungen zu treffen und eine qualitativ hochwertige – **individualisierte** – Versorgung zu erhalten.

5

Dies wird zu einem veränderten Rollenverhältnis zwischen Ärzten, anderen im Gesundheitswesen Tätigen und Betroffenen führen. Im Idealfall wandelt es sich von einer einseitig geprägten Kommunikation zu einer **partnerschaftlichen Interaktion**, bei der der Bürger motiviert, befähigt und unterstützt wird, eine aktive Rolle bezüglich seiner Gesundheit einzunehmen (vgl. These 5 in ➤ Kap. 5.1.5). Denn gerade im Gesundheitswesen hängt der Erfolg einer Behandlung nun einmal stark davon ab, inwieweit der Patient in seine Behandlung eingebunden wird und aktiv an ihr mitwirken kann. Dies wird zum neuen Maßstab – nicht nur im Arzt-Patient-Verhältnis.

5.1.7 Freiwillige Datenspende im Austausch gegen teure Gesundheitsleistungen für jedermann

> **These 7**
>
> Digitale Gesundheitsplattformen privater Anbieter führen Daten aus Offline- und Online-Untersuchungen zusammen und bieten dem Bürger die Gelegenheit, seine Daten zu monetarisieren.

Private Anbieter von Vorsorgeuntersuchungen (vgl. These 12 in ➤ Kap. 5.1.12) werden vermehrt ihre Dienste auf dem Markt anbieten. Dabei werden die aus **Offline- und Online**-Untersuchungen gewonnenen Daten gebündelt auf einer digitalen privaten Plattform des Anbieters als einem zentralen Anlaufpunkt für den Bürger zusammengeführt.

> **BEISPIEL**
>
> Diese Untersuchungen können dabei von eher **einfachen** Untersuchungen wie allgemeinen EKGs, Knochendichtemessungen und klinischen Labortests bis hin zu **kostenintensiveren und komplexeren** Verfahren wie z. B. Stuhl-DNA-Test, bildgebende Ganzkörper- MRT bzw. MR-Angiografie des Gehirns und Genomsequenzierung reichen.

Insbesondere Untersuchungen und Auswertungen z. B. im Bereich von Gentests sind bislang teuer und daher nicht für jedermann erschwinglich. Aber auch das, was in manchen Ländern als kostengünstige Standarduntersuchung gilt, kann für Menschen ohne Krankenversicherung unerschwinglich sein.

Private Anbieter solcher Plattformen werden ihren Kunden daher anbieten, dass im Austausch für ihre dort gespeicherten Gesundheitsdaten, die aus eher kostengünstigeren Untersuchungen stammen, (Vorsorge-)Untersuchungen durchgeführt werden, die ihnen im Normalfall aus Kostengründen nicht zugänglich wären. Die so gehandelten **Gesundheitsdaten** werden dabei **kategorisiert**, d. h., sie erhalten je nach Gewichtung einen bestimmten **monetären Wert** (vgl. These 14 in ➤ Kap. 5.1.14).

Dies kann unter moralischen und ethischen Aspekten fragwürdig erscheinen. Andererseits eröffnet es dem digitalen Bürger (vgl. These 6 in ➤ Kap. 5.1.6) die Chance, das **Eigentumsrecht** an seinen **Gesundheitsdaten** höchstpersönlich zum eigenen Vorteil auszuüben. Damit eröffnen sich für ihn, seine Gesundheit betreffend, Möglichkeiten, die ihm ansonsten aus Kostengründen verwehrt blieben.

5.1.8 Förderung der digitalen Gesundheitskompetenz durch Bildungsangebote

> **These 8**
>
> Angesichts der Fülle von Informationsquellen im Internet besteht das Risiko von Falschinformationen und Fehlinterpretationen, das die Förderung einer digitalen Gesundheitskompetenz aller Stakeholder anhand von Bildungsangeboten unverzichtbar macht.

Je mehr digitale Informationsquellen zur Verfügung stehen, desto größer sind die Möglichkeiten, sich schnell, einfach und ohne großen Aufwand das benötigte Wissen aus einer schier unendlichen Vielzahl von Angeboten zu beschaffen. Diese Vielfalt birgt aber auch das Risiko von Falschinformationen und Fehlinterpretationen. Dem gilt es zeitnah und effektiv entgegenzuwirken.

Der Grundsatz des **lebenslangen Lernens** wird im Bereich der digitalen Gesundheit immer wichtiger und geht unweigerlich einher mit der Pflicht zur Aufklärung über digitale Anwendungen und technologische Entwicklungen in diesem Bereich. Dies gilt für alle Stakeholder im Gesundheitswesen. Um mit den technologischen Entwicklungen effektiv umgehen zu können, bedarf es daher entsprechender Bildungsangebote, welche die digitale Gesundheitskompetenz aller Beteiligten stärken.

> **BEISPIEL**
>
> Um digitalen Wissenslücken, Falschinformationen und Fehlinterpretationen im Gesundheitswesen effektiv entgegenzuwirken, bedarf es u. a. folgender Voraussetzungen:
> - Wissen über die bestmögliche **Art und Weise der Nutzung** digitaler Informationen
> - Verständnis, wie man digitale Gesundheitsinformationen richtig in den **Gesamtkontext** einordnet

Schon 2018 gaben in einer Umfrage unter 1.000 Personen in Deutschland **77 %** an, dass sie, wenn sie sich über Gesundheitsthemen informieren, das **Internet als zweitwichtigste Informationsquelle** nach ihren Ärzten nutzen [1] – Tendenz seitdem deutlich steigend. Für den Großteil der Nutzer ist aber nicht erkennbar, nach welchen Kriterien Gesundheits-Apps ihre Auswertungen und Empfehlungen vornehmen, warum Google welche Informationen bei den Suchergebnissen an vorderster Stelle listet, welche Rolle Algorithmen hierbei spielen, wie die Beschreibung von Symptomen im Internet zu gewichten ist, welche Quellen als seriös einzustufen sind etc.

5.1.9 360°-Körpereinsicht, quantifizierte Selbstdaten, Nanoroboter, intelligenter Schmuck, Smart Clothing und Brain-Computer-Interfaces als Transformationsbeschleuniger

> **These 9**
>
> Nanoroboter, Sensoren, Implantate, intelligenter Schmuck, Smart Clothing etc. werden zusammen mit KI, Blockchain und IoT die Datengewinnung direkt im, am und mit dem Körper des Bürgers ermöglichen. Dies eröffnet vollkommen neue Möglichkeiten für das Gesundheitswesen.

Das Messen von Gesundheitsdaten wie tägliche Schrittzahl, Herzfrequenz etc. mittels Wearables ist nichts Neues. Zukünftig werden sich **Nanoroboter und Mikroroboter** (➤ Kap. 2.1.4) **als minimalinvasive Werkzeuge,** autonom oder ferngesteuert, über die Blutbahn durch den menschlichen Körper bewegen. Dadurch kann das Innere des Körpers in Echtzeit erforscht werden, Krankheitsherde lassen sich frühzeitig erkennen und gezielt behandeln, indem sie direkt im Körper an der relevanten Stelle mit gezielter Medikamentenabgabe bekämpft werden. Interessant ist dies insbesondere bei Krankheiten, bei denen der Problembereich schwer zugänglich und von dichtem Gewebe umgeben ist.

BEISPIEL

- Arzneimittel gegen Magengeschwüre werden direkt an die Magenwand gebracht, um dort effektiv aufgenommen zu werden.
- Ingenieure der Universität von Kalifornien in San Diego entwickelten **ultraschallbetriebene Nanoroboter**, die durch das Blut schwimmen und dabei schädliche Bakterien und von ihnen produzierte Giftstoffe entfernen können. Ergänzt durch Nanosensorik und funktionsfähige Netzwerke wird eine Kommunikation zwischen diesen Bots möglich.
- Am Max-Planck-Institut für Intelligente Systeme in Stuttgart hat ein international besetztes Forscherteam (Universität Stuttgart, Max-Planck-Institut für medizinische Forschung Heidelberg, Harbin Institute of Technology [China], Aarhus University [Dänemark], Augenklinik des Tübinger Universitätsklinikums) **propellerförmige Nanoroboter** entwickelt, die erstmals in der Lage sind, dichtes Gewebe, wie es im Auge vorkommt, zu durchbohren.
- Der *Oura-Ring* (https://ouraring.com/) als Beispiel für intelligenten Schmuck.
- Von außen nicht sichtbare Sensoren in Kleidung u.Ä., sog. Smart Clothing.

Anhand von Blockchain (➤ Kap. 4) können diese Daten dann z. B. dezentralisiert einer vorab definierten Personengruppe zur Verfügung gestellt werden. Gesundheitsdaten liegen somit als **quantifizierte Selbstdaten** rund um die Uhr in Echtzeit gemessen vor und nicht nur bei jährlich stattfindenden Check-ups.

Auch werden **bioelektronische Implantate** zunehmend Nervenimpulse abgreifen und auswerten. Dank smarter Sensoren, z. B. in Zahnbürsten, Toiletten, Pflastern, Funktionskleidung oder Bettwäsche, mithilfe von Wearables oder Implantaten im Körper wird bislang noch surreal und futuristisch Erscheinendes Realität werden: die 360°-Grad Einsicht in den menschlichen Körper! Zusammen mit dem IoT, KI und Blockchain werden auf diese Weise vollkommen **neue Verbindungen** zwischen **realer und digitaler Welt** entstehen.

Als bereits existierendes Beispiel ist hier der sog. **intelligente Schmuck** oder der **intelligente Ring** zu nennen. Intelligente Ringe sehen aus wie ein Schmuckstück, werden am Finger getragen, funktionieren wie ein elektronisches Gerät, das die physiologischen Signale des Körpers misst, den Lebensstil auswertet und darauf basierend dem Nutzer Vorschläge zu einer gesunden Lebensweise unterbreitet. Je nach Modell ermöglichen diese Ringe eine Vielzahl von Anwendungen. So können sie sich direkt mit Smartphone-Apps oder anderen kompatiblen Geräten austauschen, aber auch ohne Mobiltelefon betrieben werden. In vielen Fällen zum Schlaf-Tracking angewendet, messen intelligente Ringe mittlerweile auch Körpertemperatur, Impulswellenform, 3D-Beschleunigung etc. Dabei werden die vom menschlichen Körper erhebbaren Daten (z. B. Atemfrequenz, Ruhepuls und Herzfrequenzvariabilität, Intensität der körperlichen Aktivität oder Abweichungen der Körpertemperatur) in Form von Signalen verarbeitet und ausgewertet. Aus den so direkt am Finger gewonnenen Daten erhält der Nutzer eine darauf abgestimmte individuelle Beratung.

Vergleichbar hiermit ist das sog. **Smart Clothing**, d. h. mit Sensoren, elektronischen Geräten u. Ä. ausgestattete Kleidung, die Daten direkt am Körper des Trägers abgreift. Besonders hervorzuheben ist dabei, dass die Elektronik von außen nicht sichtbar ist, da z. B. Leiterbahnen oder Chips in die Textilien eingewoben sind.

In diesem Zusammenhang sind auch **Brain-Computer-Interfaces (BCI)** bzw. **Brain-Machine-Interface (BMI)** im Bereich der Neurotechnologie, d. h. Schnittstellen zwischen Maschine und Mensch zu nennen, die eine Verbindung zwischen Computer und Gehirn ermöglichen. BCIs basieren u. a. darauf, dass die elektrische Aktivität der Nervenzellen mittels am Kopf implantierter Elektroden oder Elektroenzephalografie (EEG) aufgezeichnet wird. Anschließend werden die aufgezeichneten Signale dekodiert und in Steuersignale umgewandelt. Algorithmen (➤ Kap. 3.1.3) und Deep Learning (➤ Kap. 3.1.4) können dabei unterstützend zur Anwendung kommen. In Verbindung mit einem Computer können z. B. in ihrer Sprach- oder Bewegungsfreiheit stark eingeschränkte bzw. gelähmte, aber geistig unversehrte Menschen mit ihrem Umfeld kommunizieren oder Roboter steuern, welche den Nutzer bei dessen motorischen Tätigkeiten bzw. Bewegungsabläufen unterstützen oder ihm diese erst ermöglichen.

Bei diesem auch für große Technologie-Unternehmen interessanten Geschäftsfeld (vgl. ➤ Kap. 5.2) können mittels neurotechnologischer Geräte aus Gehirndaten Bewegungsmuster und Daten von Bürgern extrahiert werden. Die Firma Neuralink (https://neuralink.com/) mit ihrem Co-Gründer Elon Musk ist bereits in diesem lukrativen Markt engagiert.

Als Problem dieses Big-Data-Screenings und Rund-um-die-Uhr-Monitorings des Körpers durch extrem sensitive Sensoren kann sich dabei erweisen, dass dabei unter Umständen eine **Vielzahl von Abnormalitäten** aufgedeckt wird. Woher weiß man, welche Werte sich im Normalbereich bewegen und ab wann ein abweichender Wert ein klinisches Problem anzeigt? Auch kann eine **Stigmatisierung** von Menschen mit eigentlich harmlosen Symptomen die Folge sein.

5.1.10 Digitale Zwillinge als realitätsgetreues Abbild des Patienten

These 10

Digitale Zwillinge stehen für die Verschmelzung der realen mit der virtuellen Welt. AR und VR zusammen mit 5G und insbesondere 6G können dabei die Interaktionen zwischen physischen Objekten und digitalen Zwillingen unterstützen.

Digitale Zwillinge werden vermehrt in der Praxis eingesetzt, um ein möglichst realitätsgetreues Abbild des Patienten bzw. von Teilen seines Körpers durch das Zusammenführen ganzheitlicher Datensätze zu schaffen. Die Zielsetzung des digitalen Zwillings dient u. a. der **personalisierten Behandlung** (vgl. These 4 in ➤ Kap. 5.1.4) und **Prävention** (vgl. These 5 in ➤ Kap. 5.1.5). Mithilfe eines solchen digitalen Zwillings lassen sich individuelle Gesundheits- oder Krankheitsverläufe projizieren, Krankheiten erforschen, Therapien erproben und optimieren, Risiken ausschließen, Behandlungen individualisieren und potenzielle Therapieergebnisse vorhersagen.

Ein wesentliches Element zur Schaffung eines digitalen Zwillings ist die in ihm implementierte KI. Als Ausgangsbasis werden verschiedene Komponenten benötigt. Zum einen sind dies **umfangreiche Datensätze**, anhand derer eine Modellierung u. a. der Anatomie vorgenommen wird. Diese Datensätze stammen beispielsweise aus medizinischen Bilddaten, ggf. ergänzt durch Daten aus biomechanischen oder elektrophysiologischen Untersuchungen, im Zusammenhang mit EKGs. Mittels KI-gestützter rechnerischer Modellierung anhand von Algorithmen und durch Auslesung von Big Data kann daraus der digitale Zwilling generiert werden.

Um möglichst realitätsgetreu dem ganzheitlichen Zustand der realen Person zu entsprechen, benötigt ein digitaler Zwilling ein permanentes Update und Neuberechnungen aus stets aktuellen Daten unter Zuhilfenahme von KI und Algorithmen. Das Ideal besteht darin, einen **intelligenten digitalen Zwilling** zu schaffen. Dieser kann sich lebenslang und permanent durch stets neu erhobene Daten weiterentwickeln und, basierend auf KI, Behandlungsempfehlungen bereitstellen.

Ziel ist es, die Abbildung der Realität in einer virtuellen Welt bestmöglich und ohne räumliche oder zeitliche Einschränkungen darzustellen sowie Interaktionen zwischen physischen Objekten und digitalen Zwillingen zu ermöglichen. **AR** und **VR** (➤ Kap. 2.1.3) können hierbei ergänzend eingesetzt werden. Dazu werden allerdings immense Mobilfunkbandbreiten benötigt, die insbesondere die neue **Mobilfunkgeneration 6G** bieten kann.

5.1.11 Quantencomputer als neue Ära

These 11

Quantencomputer werden in den kommenden Jahren immer größere Bedeutung erlangen und den Zukunftsbereichen zugerechnet.

Quantencomputer werden als eine **Schlüsseltechnologie** angesehen. Heutzutage verwendete Computer, Smartphones, Smartwatches etc. arbeiten mit Bits. Dabei gibt es nur zwei Zustände im Sinne eines Entweder-oder (z. B. an/aus bzw. 1/0).

Quantencomputer gehen eng einher mit linearer Algebra und basieren auf Quanten-Bits bzw. Qubits, als Recheneinheiten, wodurch große Mengen an Informationen effektiv in mehreren Dimensionen und nicht nur an/aus bzw. 1/0 bearbeitet bzw. gespeichert werden können. Dies ermöglicht es Quantencomputern, eine große Anzahl von Rechenoperationen gleichzeitig durchzuführen, d. h. gleichzeitig an/aus oder theoretisch unendlich viele Zwischenzustände, während herkömmliche Computer Berechnungen linear abarbeiten müssen. Dadurch sind Quantencomputer viel besser in der Lage, komplexe Probleme zu lösen, die mehrere Verbindungen zwischen mehreren Datenpunkten erfordern, und sind theoretisch um ein Vielfaches leistungsfähiger und schneller als herkömmliche Computer.

Aus diesem Grund befinden sich weltweit führende Labore und Firmen wie z. B. IBM, Google und Microsoft in einem **immer stärkeren Wettbewerb** um die Entwicklung des Quantencomputers. Die Grundidee hierzu ist nicht neu und reicht bis in die 1980er-Jahre zurück.

Bei Anwendungen aus dem Bereich der KI und ML und der Verarbeitung von Big Data könnten mit Quantencomputern große Fortschritte erzielt werden. So könnten z. B. **Krankheiten langfristig vorhergesagt** werden. Allerdings wird die Hard- und Software zur Unterstützung von Quantencomputern noch Jahre der F & E benötigen, bevor diese Computergeneration für den kommerziellen Einsatz im Gesundheitswesen allgemein verfügbar wird.

5.1.12 Entstehung komplexer disruptiver digitaler Ökosysteme

These 12

Neue Wettbewerber aus anderen Industriezweigen werden auf den Gesundheitsmarkt vordringen.

Aufgrund neuer digitaler Anwendungen werden nicht nur Health-Start-ups in Zukunft weiterhin auf den Gesundheitsmarkt drängen. Die **Akteure im System ändern sich** – neue Player kommen hinzu. Traditionell verbraucherorientierte sowie große Tech-Unternehmen (➤ Kap. 5.2) werden offiziell als neue Akteure auf dem Gesundheitsmarkt – oft in Partnerschaft mit anderen Gesundheitsexperten – aktiv.

Dadurch werden **neue sektorübergreifende Allianzen** im Gesundheitswesen entstehen, die bislang als undenkbar erschienen sind. Man wird beobachten können, dass sog. Old Player, d. h. bekannte Firmen aus nicht gesundheitsbezogenen Bereichen wie z. B. der Konsumgüterindustrie, den Gesundheitsmarkt als neuen Absatzmarkt für sich beanspruchen und ihre bisherigen Produkte an den neuen Bedürfnissen der Bürger ausrichten. Insbesondere der Gesundheitssektor wird dabei als lukrativer neuer Geschäftszweig eingestuft.

BEISPIEL

- Die strategische Partnerschaft zwischen *Google* und der weltbekannten amerikanischen *Mayo Clinic* wird laut Aussage des CEO von Google Cloud deren Cloud- und KI-Fähigkeiten und Mayos weltweit führendes klinisches Fachwissen kombinieren, um die Gesundheit der Menschen zu verbessern [5].
- Allianzen mit Finanzunternehmen wie z. B. jene zwischen *Amazon, Berkshire Hathaway* und *J. P. Morgan* im *Project Haven* (www.havenhealthcare.com/) (➤ Kap. 5.2.3) werden zunehmen.
- 2018 erhielt die Firma *Bose*, bekannt als Hersteller für Lautsprecher- und Kopfhörer, als weltweit erster Hersteller die Zulassung der FDA für ein in Geschäften und online rezeptfrei erhältliches Hörgerät. Damit ist erstmals ein Unternehmen aus der Unterhaltungselektronik in den Markt der Medizinaltechnik vorgedrungen. Dies sorgte für einen nicht unerheblichen, teilweise zweistelligen Kurssturz bei den bislang in diesem Marktbereich tätigen Unternehmen.
- Bereits jetzt bietet die US-amerikanische Firma *WalMart* in ihren Shopping Malls ihren wöchentlich mehr als 150 Mio. Kunden in eigens dafür eingerichteten Gesundheitszentren medizinische Leistungen an:
  - Dazu gehören Zahnreinigung und medizinische Check-ups (inkl. Labortests) für einen Bruchteil der üblichen Kosten und auch für Kunden ohne Krankenversicherung.
  - Die dabei ausgestellten Rezepte lassen sich gleich vor Ort in den Walmart-eigenen Apotheken einlösen.

Ergänzt werden diese Entwicklungen durch Investitionen in bzw. den Aufkauf von **Start-ups** im Bereich Health durch Firmen, die bislang nicht in diesem Sektor tätig waren. Dabei werden Start-ups – insbesondere von Investorenseite – frühzeitig danach selektiert, ob deren Anwendung bzw. Produkt lediglich ein „Nice-to-have" oder ein **essenzielles**

5

„**Must-have**" für den Gesundheitsbereich darstellt. Noch stärker als bisher wird danach ausgewählt werden, ob das Unternehmen u. a. zu einem effizienteren Gesundheitssystem beiträgt, ob es die Digitalisierung des Gesundheitssektors voranbringt, Umsätze bzw. Gewinne steigern und F & E in der digitalen Medizin beschleunigen kann.

Zukünftig müssen Firmen daher z. B. ihre KI-Anwendungen noch viel stärker als bislang genauestens an den Bedürfnissen des Zielmarktes ausrichten und zeigen, dass sie einen **realen Mehrwert** für die Beteiligten bieten. **Nachhaltigen Geschäftsmodellen** kommt dabei aufgrund des in den meisten Ländern hoch regulierten Gesundheitsmarktes eine bedeutende Rolle zu.

5.1.13 Dr. Handy in den eigenen vier Wänden

These 13

Die Abgrenzung zwischen Offline- und Online-Anbietern im Gesundheitswesen wird verschwinden.

Zukünftig wird man zwischen Online- und Offline-Angeboten wählen können. Online-Gesundheitsanwendungen, telemedizinische und virtuelle Dienstleistungen (➤ Kap. 2.1) werden ein wesentlicher Bestandteil des Gesundheitswesens sein. Ergänzt werden diese Angebote durch reale Offline-Gesundheitsdienstleistungen. Online-Anbieter werden zukünftig mit Offline-Partnern zusammenarbeiten und ihre Leistungen gemeinsam in **gegenseitiger Ergänzung** anbieten.

Eine wesentliche Rolle kommt dabei dem Markt für **mobile Gesundheitsanwendungen** zu, dem für die kommenden Jahre ein rasantes weltweites Wachstum vorhergesagt wird. Fast jeder verfügt mittlerweile über ein Mobiltelefon. Das Herunterladen von Gesundheits-Apps ist Standard, teilweise sind diese zusammen mit dem Zugang auf M-Health-Plattformen (➤ Kap. 2.1.5) beim Kauf eines Handys bereits vorinstalliert und inklusive.

In Zeiten globaler Konnektivität kann so jederzeit, ortsunabhängig und zu allen Themen unter Einbeziehung von medizinischem Fachpersonal auf diagnostische Anwendungen zugegriffen werden. Durch diese Erfassung, Übertragung und Ferndiagnose erhält der Anwender unmittelbare **Gesundheitsberatung „in die Hosentasche"**.

B E I S P I E L
- Im Hinblick auf E-Rezepte (➤ Kap. 2.3.1) wird es vermehrt zu einer direkten Zusammenarbeit von Ärzten, Krankenhäusern u. Ä. mit **Online-Apotheken** kommen. Im Nachgang zu **Offline-Konsultationen**, d. h. dem persönlichen und nicht virtuellen Beratungsgespräch, stellt der Arzt ein E-Rezept aus, das der Patient dann online einlösen kann, was auch die automatische Medikamentenzustellung beinhaltet.
  Der Patient lädt sich zu Hause eine App herunter. Darin beschreibt er seine Symptome, führt mittels **Sensoren (Hardware)** unter **Anleitung (durch den Arzt oder eine KI-basierte App)** an sich selbst Messungen und Untersuchungen durch und bespricht diese anschließend virtuell und u. U. mittels KI mit dem Arzt (telemedizinische Konsultation, ➤ Kap. 2.1.6). Im Anschluss erhält er vom Arzt ein E-Rezept, das er online einlösen kann – ein Verfahren, das während der COVID-19-Pandemie bereits in verschiedenen ausländischen Kliniken erfolgreich getestet und eingesetzt wurde.

- Der u.a. von der FDA zugelassene *Clarius L7 Ultraschall-Scanner* (https://clarius.com/de/scanners/l7/), verbindet sich direkt mit iOS- und Android-Geräten, um drahtlose Ultraschalluntersuchungen durchzuführen.
- *Healthy.io* (https://healthy.io/), ein israelisches Startup-Unternehmen, nutzt Smartphone und Computer, um anhand digitaler **Smartphone-Kameraaufnahmen** herkömmliche Urinteststreifen zu analysieren (➤ Kap. 3.3.2).
- Verschiedene Start-ups entwickeln Apps, die im Zusammenspiel mit Algorithmen und der durch Smartphone-Kameras erzeugten Fotos zur Wundanalyse und als Wundmanagement-Tool genutzt werden.

Eine derartige Verzahnung von Offline- und Online-Anwendungen bringt sowohl dem Bürger als auch dem Personal im Gesundheitswesen **große Vorteile**. Diese reichen von der Gewährleistung einer guten Versorgung auch in geografisch entlegeneren Regionen und unabhängig von vorhandener Mobilität wie Auto und Bus bis hin zu Zeit- und Kosteneinsparungen durch den Wegfall von z.B. zuvor erforderlichen aufwendigen Hausbesuchen. Auch auf psychische Erkrankungen und soziale Isolation, wie vermehrt im Rahmen der COVID-19-Pandemie zu beobachten, kann sich das Zusammenwirken von Online- und Offline-Angeboten positiv auswirken.

5.1.14 „Value-based Healthcare" rückt in den Vordergrund

These 14

Das bisherige Finanzierungs- und Vergütungssystems im Gesundheitswesen wird sich wandeln.

Die wachsende Anzahl der zur Verfügung stehenden Daten aus unterschiedlichsten Quellen, wird den Patienten in den Fokus rücken (vgl. These 4 in ➤ Kap. 5.1.4). Dabei werden die digitalen Entwicklungen und Informationsquellen (vgl. These 6 in ➤ Kap. 5.1.6) dazu beitragen, die bisherigen Kosten- und Vergütungsmodelle zu überdenken, hin zu „Value-based-Healthcare" und einem System von integrierter Patientenversorgung (**Integrated Patient Care**).

Bereits seit Mitte der 2000er-Jahre werden unter dem Begriff „Value-based-Healthcare" neue Organisations- und Vergütungsformen diskutiert, die sich stärker am Patientennutzen und an der Patientengesundheit ausrichten. Gegenübergestellt werden dabei einerseits die medizinische Ergebnisqualität aufgrund der Behandlung bzw. der Patientennutzen (engl. „value"), d.h. für den Patienten eindeutig erkennbare Parameter (geht es ihm besser, ist er beschwerdefrei, wieder gesund, hat Lebensqualität etc.), und andererseits die Kosten, die zur Erreichung dieser medizinischen Ergebnisse und Qualität aufgewendet werden müssen.

BEISPIEL

Bislang erfolgen viele Behandlungen in der Form, dass Mediziner unterschiedlichster Fachrichtungen und teilweise auch unterschiedlichster wissenschaftlichster Ansätze den Patienten je nach individueller fachspezifischer Beurteilung therapieren.
Die **Bezahlung** orientiert sich dabei am **Aufwand** bzw. an der **Anzahl** der Untersuchungen und Behandlungen. **Nicht relevant** für das aktuelle Vergütungssystem ist der **Patientennutzen** (s.o.).

Ein wesentlicher Aspekt dabei ist das systematische Sammeln, Teilen und Analysieren der für den Patienten wichtigen Gesundheitsdaten sowie das Auswerten der Ergebnisse und der Kosten, die erforderlich sind, um gute Ergebnisse über den gesamten Versorgungszyklus hinweg zu erzielen. Das setzt Folgendes voraus:

- Standardisierte und universell gültige Verfahren zur Datenerhebung,
- Interoperabilität zwischen den einzelnen Datenbanken,
- Integration der Datenergebnisse in den klinischen Alltag ohne das Erfordernis einer erneuten Dateneingabe,
- Mechanismen, um individuelle Patientendaten über verschiedene Datenbanken miteinander zu verknüpfen, und
- Tragfähige Governance-Abläufe mit klaren Regeln bzw. Vertragsstrukturen für den Datenzugang, das Teilen von Daten und den Datenschutz.

Dabei kommt KI und Blockchain im Zusammenspiel mit Gesundheitsinformatik eine tragende Rolle zu. Blockchain als eine neue Art von Datenstruktur ermöglicht dabei die gemeinsame Nutzung von Daten in verteilten Computernetzwerken ohne die Notwendigkeit einer zentralen Stelle. Auf diese Weise können z. B. RWD oder Kosten einfacher und schneller erfasst, analysiert und weitergegeben werden. Die daraus abgeleiteten Ergebnisse können dann z. B. von Pharmafirmen oder von anderen daran interessierten Stakeholdern, genutzt werden, um die Behandlungsergebnisse von Krebspatienten einzusehen, deren medizinische Bedürfnisse in den richtigen Kontext einzuordnen und innovative, wirksame Therapien zu entwickeln.

Die Öffnung und Schaffung von Anreizen für die gemeinsame Nutzung von Daten wird **Synergieeffekte** für die Gesundheitsbranche hervorbringen. KI-basierte Erkenntnisse werden dabei von der Verfügbarkeit qualitativ hochwertiger großer Datenmengen profitieren. Durch **Blockchain und Token-Belohnungen** (vgl. These 7 in ➤ Kap. 5.1.7) können Anreize für die Freigabe medizinischer Daten geschaffen und Datensilos verhindert werden. Transparenz und ein dezentralisierter Umgang mit Daten sind die Folge.

Darüber hinaus können geeignete KI-basierte Verfahren dazu beitragen, z. B. bei seltenen Krankheiten, **neue Vergütungssysteme** zu ermöglichen. Bislang sind Therapien in diesem Bereich sehr teuer. Da die Therapien bzw. Medikamente bei seltenen Krankheiten naturgemäß nur einen geringen Bruchteil der Bevölkerung betreffen und ihre Erfolgsaussichten auch nicht garantiert werden können, werden die entstehenden Kosten von den Krankenkassen bzw. vom Gesundheitssystem oft nicht übernommen.

Mithilfe von KI lassen sich z. B. Fehler im Gencode oder genetische Veränderungen jetzt schneller und kostengünstiger erkennen, sodass u. a. passende Stammzelltherapien entwickelt und angewendet werden können. Nanoroboter bzw. Nanobots können hier z. B. unterstützend beigezogen werden (vgl. These 9 in ➤ Kap. 5.1.9) – dies alles zu einem Bruchteil der bisherigen Kosten. Das wirkt sich auch positiv auf die bisherigen Finanzierungs- und Vergütungssysteme aus. Zudem kann die Vielzahl der zur Verfügung stehenden Daten dazu genutzt werden, „Value-based-Healthcare"-Vergütungssysteme als Anreiz für alle Beteiligten zu schaffen.

5.1.15 „Health in all Policies" als Grundsatz politischen Handelns

These 15

Aufgrund des wachsenden gesellschaftlichen Bewusstseins, dass sich digitaler Fortschritt und Gesundheit auf alle Lebensbereiche auswirken, wird die Gesellschaft fordern, Gesundheitsaspekte in allen Politikbereichen zu berücksichtigen. Dies verlangt von der Politik, die entsprechenden Rahmenbedingungen zu schaffen.

Der Bevölkerung wird zunehmend bewusst, dass das Thema Gesundheit und der digitale Fortschritt im Gesundheitswesen essenzielle Auswirkungen auf alle Bereiche des Lebens (Wirtschaft, Arbeit und Soziales, öffentliche Sicherheit und Bildung, Umwelt etc.) haben. Dies wurde einerseits durch die **COVID-19-Pandemie** deutlich, andererseits durch weitere **globale Entwicklungen** wie z. B. die **Klimaveränderung** mit ihren direkten und indirekten Auswirkungen auf die Gesundheit (Zunahme von Herz-Kreislauf- und Atemwegserkrankungen, verlängerte Pollensaison, Ausbreitung tropischer Krankheiten wie Malaria auch in gemäßigten Klimazonen etc.).

Dabei gewinnt das Konzept einer **intersektoralen Gesundheitspolitik** bzw. einer „bereichsübergreifenden Gesamtpolitik" – bekannt auch als **Health in All Policies (HIP)**– zunehmend an Bedeutung. Dabei sollen gesundheitsbezogene Aspekte Eingang in den Diskurs aller Politikbereiche finden; zudem soll die Zusammenarbeit zwischen den Akteuren mit unterschiedlichsten Interessen gefördert werden. Auch die verschiedensten, über alle Politikbereiche hinweg denkbaren Ansätze hin zu einer gesünderen Gesellschaft gilt es zu identifizieren.

Zudem werden gemeinsame, globale Strategien sowie die Einhaltung gemeinsamer internationaler Beschlüsse im Bereich Gesundheit und Digitalisierung des Gesundheitswesens vermehrt von der Bevölkerung eingefordert werden. Besondere Tragweite erhält dieser Aspekt beim Themenkomplex „Technologische Entwicklungen im Gesundheitswesen". Hierbei kommt es darauf an, die Zusammenarbeit der relevanten Akteure zu fördern, Partnerschaften im Gesundheitswesen zu ermöglichen, die Umsetzung des technologischen Fortschritts zu vereinfachen und von allen Akteuren einzufordern.

Der **Politik** kommt dabei eine **entscheidende Rolle** zu, da das Gesundheitswesen in den meisten Ländern zu den am stärksten regulierten Branchen zählt. Daher ist es erforderlich, dass seitens der Politik **Regularien und Standards** – wo erforderlich – **interdisziplinär** und in **gemeinsamer Abstimmung mit allen Stakeholdern** definiert und implementiert werden. Da z. B. Daten aufgrund der technologischen Entwicklungen zum Herzstück des Gesundheitswesens werden (vgl. These 1 in ➤ Kap. 5.1.1), ist es unerlässlich, transparente Kriterien für deren Erhebung, Analyse, Verarbeitung und Speicherung festzulegen und einen tragfähigen Kompromiss zwischen dem Schutz der Privatsphäre der Patienten und der gemeinsamen Nutzung von Daten zu finden.

5.1.16 Fazit

Unbestritten zeichnet sich bereits im heutigen Gesundheitswesen ein radikaler Wandel bzw. eine digitale Transformation des Gesundheitssystems ab, hin zu einem digitalen zukünftigen Gesundheitswesen 5.0 und den vorab dargestellten Thesen (➤ Tab. 5.1).

Auf dem Weg dorthin gilt es, sich stets in das Bewusstsein zu rufen, dass sämtliche dieser Thesen eines gemeinsam haben: Der **Mensch bzw. der Patient steht im Mittelpunkt** (➤ Abb. 5.2), und er wird die in den Thesen skizzierten Aspekte im wahrsten Sinne des Wortes am eigenen Leib zu spüren bekommen.

Tab. 5.1 Zusammenfassung der Thesen eines zukünftigen Gesundheitswesens 5.0

These	Inhalt
1	Daten als Herzstück und Achillesferse des Gesundheitswesens
2	Datenbasierte Medizin als Maß aller Dinge
3	Öffentliche Diskussion geprägt von den Themen Dateneigentum, Überregulierung von Daten, Haftung und monetären Entlohnungssystemen
4	Personalisierte Medizin und Therapie aufgrund personenbezogener Daten
5	Prävention als maßgebendes Ziel mit Risiko der Selbstoptimierung durch digitale Selbstvermessung
6	Verändertes Rollenverhältnis: der digitale Bürger als „Experte in eigener Sache"
7	Freiwillige Datenspende im Austausch gegen teure Gesundheitsleistungen für jedermann
8	Förderung der digitalen Gesundheitskompetenz durch Bildungsangebote
9	360°-Körpereinsicht, quantifizierte Selbstdaten, Nanoroboter, intelligenter Schmuck, Smart Clothing und Brain-Computer-Interfaces als Transformationsbeschleuniger etc.
10	Digitale Zwillinge als realitätsgetreues Abbild des Patienten
11	Quantencomputer als neue Ära
12	Entstehung komplexer disruptiver digitaler Ökosysteme
13	Dr. Handy in den eigenen vier Wänden
14	„Value-based Healthcare" rückt in den Vordergrund
15	„Health in all Policies" als Grundsatz politischen Handelns

Stellen Sie sich daher eine Welt vor, in der Sie aufgrund der digitalen Errungenschaften von der bestmöglichen Gesundheitsversorgung profitieren können. Stellen Sie sich aber auch eine Welt vor, in der diese bestmögliche Gesundheitsversorgung unmittelbar verknüpft ist mit Faktoren und Marktteilnehmern (➤ Kap. 5.2), die eventuell nicht gänzlich mit Ihren bisherigen Vorstellungen und Idealen, werte Leserinnen und Leser, gerade in Bezug auf das Gesundheitswesen, übereinstimmen.

Hierfür gilt es unseren **Blick zu schärfen** und ein allgemeines Bewusstsein zu entwickeln. Angefangen bei uns selbst, bei sämtlichen sonstigen relevanten Stakeholdern bis insbesondere hin zur **Politik**, die per se über die nötigen Werkzeuge verfügt bzw. die Rahmenbedingungen dafür schaffen kann, **negativen Entwicklungen frühzeitig entgegenzuwirken**. Es ist im Interesse eines jeden von uns, aktiv das Gesundheitswesen 5.0 mitzugestalten und eigenverantwortlich darauf Einfluss zu nehmen.

5.2 Dr. GAFAM und Co.: Disruptiver Sparringpartner oder neue treibende Macht?

Der **Gesundheitssektor** gehört zu den wenigen Märkten, für die in den kommenden Jahren die **größten Wachstumsmargen** prognostiziert werden. Gleichzeitig ist er einer der Märkte, die bislang am wenigsten digitalisiert sind, sodass es im Gesundheitssektor auch darum gehen wird, die letzte Bastion der sensibelsten Daten zu erobern: die Gesundheitsdaten.

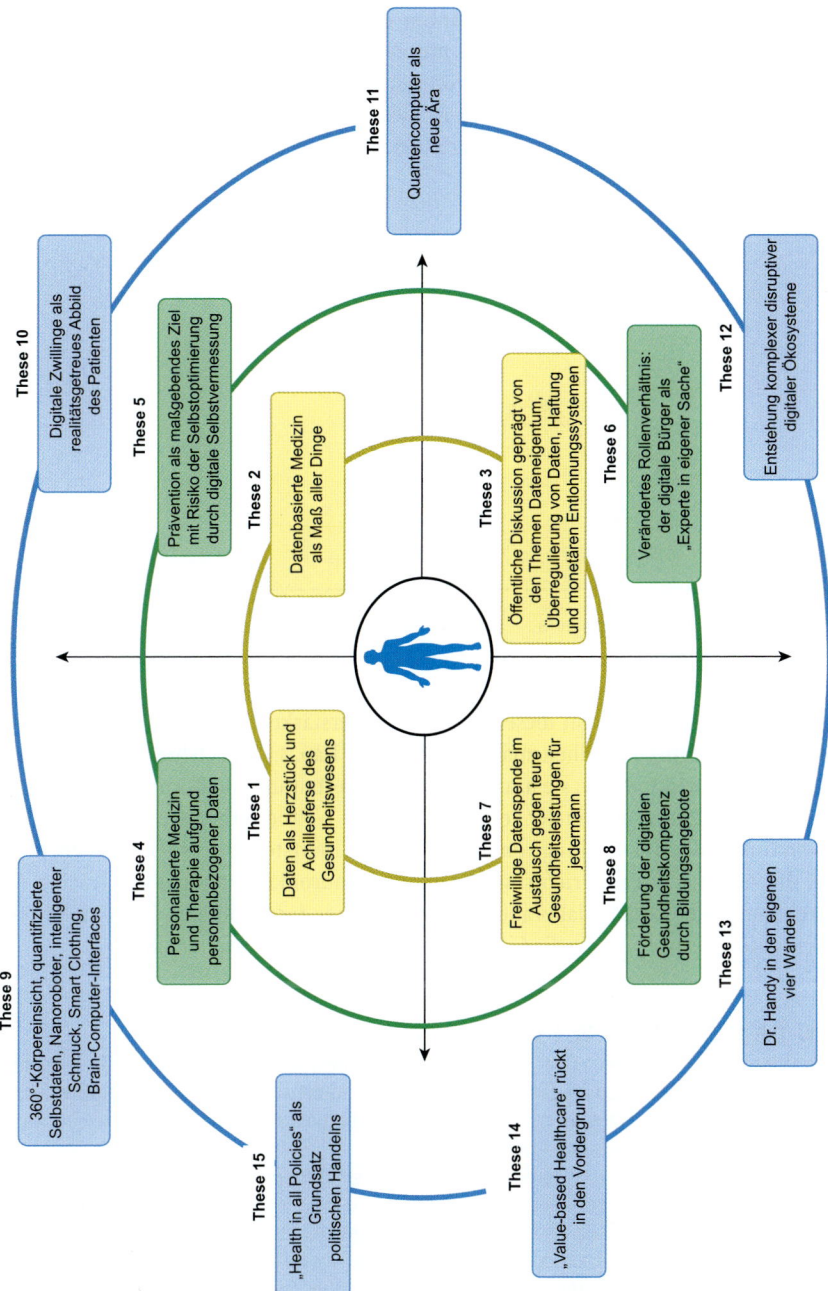

Abb. 5.2 Das Gesundheitswesen der Zukunft [P837, L143]

Wer Gesundheitsdaten sein Eigen nennt, dem stehen beinahe unbegrenzte Möglichkeiten zur Verfügung, und dies nicht nur im Sinne von personalisierter Werbung. Die zu erwartenden Gewinnmargen im Gesundheitssektor sind daher enorm.

Dies haben auch die großen **Tech-Giganten**, die sog. *GAFAM-Konzerne (Google/Alpha-bet, Apple, Facebook, Amazon, Microsoft)*, oftmals als Big Tech bezeichnet, entdeckt. Daher drängen sie – in der wahren Dimension von vielen bislang unbemerkt – mit aller Macht in diesen Markt. Der GAFAM-Aktienindex ist zwischen September 2017 und Juli 2020 um ca. 140 % gestiegen. Ein Allzeithoch jagt das nächste, wie aus ➤ Abb. 5.3 ersichtlich ist.

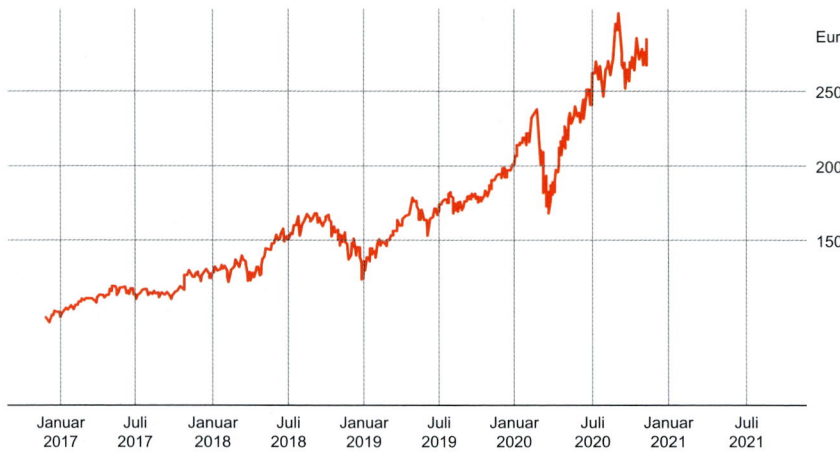

Abb. 5.3 Kursentwicklung der GAFAM-Konzerne (Stand November 2020) [L143, V900]

Die COVID-19-Pandemie hat diesen Trend noch verstärkt und den Startschuss für eine neue digitale Ära im Gesundheitsmarkt gegeben (➤ Kap. 2.1). Auch hier haben etliche der GAFAMs mitgewirkt, indem sie u. a. direkt an der Gestaltung von Corona-Tracking-Apps beteiligt wareetzteres sogar in der Form, dass direkte Wettbewerber wie Google und Apple gemeinsam an der Entwicklung von Smartphone-Schnittstellen gearbeitet haben, mittels derer die verschiedenen Betriebssysteme iOS und Android im Rahmen von Tracing-Apps verwendbar sind. Diese Kollaborationen trotz bestehender Rivalitäten sind ein indirekter Beweis dafür, für wie wichtig die GAFAMs den Gesundheitssektor erachten.

H I N T E R G R U N D W I S S E N
- *Amazon* verfügt schon jetzt über mehr als 150 Mio. zahlende Abonnenten für *Amazon Prime*, und sein Anteil an den Online-Einzelhandelsumsätzen in den USA beläuft sich auf **38 %** [2].
- *Apple*, als aktuell wertvollste Firma der Welt, erwirtschaftete 2019 **46 Mrd. USD** allein durch Abonnements, Downloads und Lizenzabkommen [2].
- Auf *Facebook* und das dazugehörende *Instagram, WhatsApp und Messenger* greifen mehr als **3 Mrd.** Menschen mindestens einmal im Monat zu; mit einem Anteil von knapp **23 %** liegt Facebook am US-Markt für digitale Werbung direkt hinter Google. Knapp **99 %** seiner Gesamteinnahmen erzielt Facebook allein mit Werbung, was 2019 ca. **70 Mrd. USD** entsprach [2].
- Mehr als **90 %** der weltweiten Suchanfragen erfolgen über *Google*. Zudem kontrolliert das Unternehmen knapp **30 %** des digitalen Werbemarktes in den USA und verkaufte letztes Jahr Anzeigen im Wert von **135 Mrd. USD** [2].

Überträgt man diese Zahlen auf den Gesundheitsmarkt, erschließt sich einem das wahre Ausmaß der Rolle, die die GAFAMs zukünftig auf dem weltweiten Gesundheits-markt spielen werden. Was von einigen in der Diskussion um die zukünftige Macht der

GAFAMs übersehen wird, sind die parallel existierenden und nicht weniger **einfluss-reichen Initiativen und Stiftungen**, so z.B. die *Chan Zuckerberg Initiative* (https://chanzuckerberg.com/) (➤ Kap. 5.2.3) oder das *Project Haven* (https://havenhealthcare.com/) (➤ Kap. 5.2.2 und ➤ Kap. 5.2.3). Im Januar 2021 wurde veröffentlicht, dass Project Haven Ende Februar 2021 eingestellt wird, die daraus gewonnenen Erkenntnisse aber weiterhin genutzt werden.

Aber nicht nur die GAFAMs versuchen den Gesundheitsmarkt für sich zu vereinnahmen. Oft vergisst man dabei, den Blick auch auf deren global gesehen nicht minder wichtige Konkurrenten zu richten, die ebenfalls in diesem Feld aktiv sind und Milliardenbeträge investieren. Zu nennen sind hier neben den etablierten **chinesischen Tech-Giganten** wie *Baidu, Alibaba, Tencent*, den sog. **BAT**, zudem *Ping An Healthcare and Technology, Huawei und Qualcomm*. Darüber hinaus *IBM, Neuralink* sowie viele weitere, teils hochspezialisierte Unternehmen, die in der Öffentlichkeit eher weniger bekannt sind (➤ Kap. 5.2.3).

Gerade Start-ups, die über spezifisches Wissen im Gesundheitsbereich verfügen oder dafür nützliche, häufig auf KI und zunehmend auch auf Blockchain basierende digitale Anwendungen entwickelt haben, gelten als interessant. Sie werden daher von den Big Playern aufgekauft, oder man geht Partnerschaften mit ihnen ein. Dieses Vorgehen hat für die Käufer verschiedene Vorteile. Neben einer Erweiterung ihres Produktportfolios können sie auf diese Weise u. a. auch gleichzeitig neue Zielgruppen und industriespezifisches Wissen, wie z. B. regulatorische Kenntnisse, akquirieren. Gerade in dem in sehr vielen Ländern besonders stark regulierten Gesundheitsmarkt ist dies ein nicht zu unterschätzender Wettbewerbsvorteil.

GAFAM und Kollegen ist gemeinsam, dass sie unterschiedlichste Konzepte erarbeiten und Projekte entwickeln; manche davon müssen sich schon jetzt in der harten Realität beweisen, während andere bislang noch der Kategorie Utopie und Science-Fiction zuzuordnen sind. Die Betonung liegt dabei jedoch auf dem Wort „bislang"! Das im Moment noch Unvorstellbare kann sehr schnell Realität werden, und das gilt ganz besonders für den digitalen Bereich. Die Vergangenheit hat das schon mehr als einmal deutlich gezeigt.

5.2.1 GAFAMs Mittel der Macht: Künstliche Intelligenz, Daten, Sprachassistenten und Supercomputer

Seit Jahren arbeiten die GAFAMs an der Entwicklung und Umsetzung von Projekten, die den Gesundheitsmarkt mithilfe verschiedenster technologischer Ansätze komplett verändern und digital revolutionieren werden.

Vordergründig wird dabei meistens die Motivation betont, man wolle das Gesundheitswesen auf diese Weise schneller, effizienter, für jedermann zugänglich und vor allem kostengünstiger machen. Insbesondere Amazon wird hier aufgrund seiner weitgefächerten Infrastruktur, bei der viele Dienstleistungen Hand in Hand gehen, mit Zeitersparnis für das Gesundheitswesen punkten können. Auch die Heilung aller Krankheiten und die Verhinderung bislang noch unbekannter Krankheiten werden oft als das Maß aller Dinge angeführt, was teilweise prophetische Züge annimmt.

KI, Daten, Quantencomputern und Sprachassistenten kommt dabei eine entscheidende Rolle zu. Sie bilden einige der Grundpfeiler eines tragfähigen Netzes, auf dem sich die GAFAMs sicher und elegant bewegen. Letzteres ist nicht verwunderlich, da sie diese Basis in den vergangenen Jahren mit milliardenschweren Investitionen erfolgreich aufgebaut und die dafür erforderlichen Strukturen und Techniken maßgeblich gestaltet haben. Somit kennen sie diese bis ins kleinste Detail und entwickeln sie nun permanent weiter.

BEISPIEL

So gab *Microsoft* 2019 bekannt, 1 Mrd. USD in die KI-Forschungsorganisation OpenAI (https://openai.com/), deren ursprünglicher Mitgründer Elon Musk ist, investieren zu wollen.
- Eines der Ziele ist es, KI einer breiteren Anwendergruppe zur Verfügung zu stellen und eine KI zu erschaffen, die es mit menschlicher Intelligenz aufnehmen kann und die dem Wohlergehen der gesamten Menschheit dienen soll.
- Der sog. Supercomputer, der für OpenAI entwickelt wurde, gehört nach Angaben von Microsoft weltweit zu den Top Five öffentlich bekanntgegebenen [3]. Supercomputer ermöglichen es u. a. mittels KI und Unmengen von Daten, Systeme in einem Bruchteil der bisher dafür erforderlichen Zeit zu trainieren.

Der Grundstein für den Einstieg der GAFAMs in das Gesundheitswesen wurde aber nicht erst vor Kurzem, sondern bereits vor etlichen Jahren gelegt. Durch entsprechende Geräte und mitgelieferte Apps, deren Fokus bislang im Wesentlichen auf Hilfestellungen für allgemeine Alltagsprobleme lag, erfolgte mit *Alexa, Siri & Co.* Schritt für Schritt der **geräuschlose Einzug in das private Umfeld** bzw. die eigenen vier Wände der Anwender. Dies bietet die ideale Ausgangsbasis, um nun fließend den Übergang zu Gesundheitsthemen und -anwendungen zu vollziehen.

HINTERGRUNDWISSEN

Mittels Spracherkennung bzw. persönlichen Sprachassistenten kann die unmittelbare Verknüpfung der Person mit der Gesundheitsdienstleistung, abgestimmt auf die Wertschöpfungskette der GAFAMs, angeboten werden. Der Markt für sprachunterstützte Geräte im Gesundheitswesen bietet daher unendlich viele Möglichkeiten.

Im Idealfall unterstützen (manche prophezeien: ersetzen) sie die Interaktion mit dem Arzt, bieten Vorteile für Menschen in Isolation oder mit psychischen Beschwerden, helfen Personen mit körperlichen Einschränkungen etc. Auch im Bereich von Patientenaufklärung, Anamnese oder Dokumentation von Behandlungen kann Spracherkennung, insbesondere aufgrund ihrer mittlerweile weit fortgeschrittenen technologischen Standards, Anwendung finden.

BEISPIEL

- Bereits 2017 brachte die weltbekannte *Mayo Clinic* zusammen mit *Alexa von Amazon* eine Erste-Hilfe-Anwendung auf den Markt, mittels derer Informationen und Handlungsanweisungen zu Erste-Hilfe-Themen zugänglich wurden [4]. Die Anwendung wurde seither vielfach ausgezeichnet.
- Auch in der aktuellen COVID-19-Pandemie kommt Alexa als Sprachassistentin an der Mayo Clinic zum Einsatz. Nutzer mit einem Alexa-fähigen Gerät können mit dem *Tool „Mayo Clinic Answers on COVID-19"* (www.mayoclinic.org/voice/apps) direkt von Experten der Mayo Clinic Informationen über die Pandemie beziehen und Anleitung von den US-amerikanischen Centers for Disease Control and Prevention (CDC) erhalten.
- Das staatliche Gesundheitssystem in Großbritannien und Nordirland, der NHS, bietet seinen Bürgern seit Mitte 2019 an, *NHS-geprüfte Gesundheitsinformationen mittels Alexa* abzufragen [5].

Pflegeeinrichtungen verwenden Alexa, um Bewohner u. a. an Medikamenteneinnahmen zu erinnern. Auch entsprechende Krankenhaus-Pilotprojekte in den USA lassen aufhorchen. So wurden sprachgesteuerte Lautsprecher in Patientenzimmern installiert, mit denen die Patienten u. a. ihren bevorzugten Musikkanal wählen konnten. Hauptziel aber war es zu testen, ob der Patient Alexa seinen Bedarf an Unterstützung (Medikamente, Essen oder Aufstehhilfe) mitteilen kann und diese die Information an das Mobiltelefon des zuständigen Personals weiterleitet, sodass das Personal unmittelbar tätig werden kann.

Spricht man von Sprachassistenten, darf das Thema der KSI nicht unerwähnt bleiben (vgl. ➤ Kap. 3.3.1). Bislang verfügen Sprachassistenten weder über derartige kognitive Fähigkeiten noch über das Potenzial, alle menschlichen mentalen Funktionen zu besitzen.

Weltweit arbeiten Firmen jedoch bereits seit Jahren daran, die dafür erforderliche KI mit einem neuronalen Netzwerk zu entwickeln, u. a. die Firma *DeepMind* (https://deepmind.com/) (➤ Kap. 3.1.3, ➤ Kap. 5.2.2, ➤ Kap. 5.2.4) sowie das Start-up *Sentient Technologies*, welches 2019 aufgelöst und ein Großteil deren auf KI bezogenen geistigen Eigentums an das Technologie-Unternehmen *Cognizant* verkauft wurde. Eine KI mit derartiger autonomer Entscheidungsfähigkeit hätte immense Auswirkungen auf das Gesundheitswesen.

Daten sind ein weiterer wesentlicher – um nicht zu sagen der wesentliche – Baustein für die GAFAMs. Mit der Sammlung und Auswertung von Daten wollen die GAFAMs nach eigenen Aussagen das Gesundheitswesen in seiner Gesamtheit verbessern. Und je mehr Daten zur Verfügung stehen, desto besser, umfangreicher und schneller kann u. a. die KI weiterentwickelt werden (➤ Kap. 3). Algorithmen und digitale Sprachassistenten gehen damit Hand in Hand. Während Letztere die erforderlichen Informationen direkt an der Quelle abgreifen bzw. sie vom Nutzer selbst übermittelt bekommen, erstellen Algorithmen und KI-Anwendungen darauf basierend die entsprechenden Modelle mit Handlungsempfehlungen bzw. -anweisungen an den Nutzer – die entsprechenden Risiken, aber auch Chancen inklusive (➤ Kap. 3.2).

5.2.2 Dr. Google, Project Baseline, Verily, Calico und DeepMind im Alltag: Science oder Fiction?

Betrachtet man die verschiedenen GAFAM-Projekte mit Bezug zu gesundheitsrelevanten Themen, die bereits Einzug in unsere Realität gehalten haben bzw. als Forschungsprojekte betrieben werden, so sticht einem vor allem ihre Bandbreite ins Auge.

Wenn der Bürger heute im Internet nach Informationen zu einem bestimmten Gesundheitsthema sucht, so nutzt er dafür meist Suchmaschinen, allen voran Google. Der Google-Konzern Alphabet bzw. **Dr. Google** gibt bereitwillig Auskunft über Symptome, Diagnosen, Krankheitsverläufe und Therapiemöglichkeiten und wird vom Nutzer als Ergänzung zum Arztbesuch gesehen (vgl. These 6 in ➤ Kap. 5.1.6). Auf diese Weise erhält der Konzern Unmengen an Informationen und Daten, die im Kontext einer Vielzahl von verschiedenen Google-Projekten zu sehen sind.

BEISPIEL

In diesem Zusammenhang ist Googles Gesundheits- und Forschungsfirma *Verily* (https://verily.com/) zu nennen (früher als *Google Life Sciences* geführt), in der mit digitalisierter Technologie, Algorithmen, KI und Big Data im großen Stil gearbeitet wird (➤ Kap. 3.3.1).

Bereits 2018 wurde bekannt, dass ein auf KI-basierter Algorithmus entwickelt wurde, der das Risiko für Herzkrankheiten einschätzen bzw. vorhersagen kann, ohne dass Krankheitssymptome vorliegen oder ein EKG erstellt wird. Möglich machte dies ein auf **neuronalen Netzwerken basierter und selbstlernender Algorithmus**, der mit Datensätzen von Scans der Netzhaut bzw. des Augenhintergrunds sowie allgemeinen Gesundheitsdaten von knapp 300.000 Personen trainiert wurde [6]. Daraus lernte er, die Zusammenhänge der verschiedenen Bilder und Gesundheitsdaten in Kombination mit klassischen Risikofaktoren für Herzkrankheiten wie Blutdruck, Alter oder Vorerkrankungen zu erkennen und Regeln für die Diagnose abzuleiten. Wurde im Anschluss ein erneuter Scan des Auges durchgeführt, konnten somit Vorhersagen über das potenzielle Risiko einer Herz-Kreislauf-Erkrankung getroffen werden. Hervorzuheben ist, dass dieses Verfahren wesentlich schneller arbeitet als klassische Methoden und seine **Trefferquote** bereits **70 %** erreicht (gegenüber 72 % bei herkömmlichen Bluttests).

BEISPIEL

In diesem Zusammenhang steht auch *Project Baseline* (www.projectbaseline.com/), 2017 von *Verily* gestartet, mit dem Ziel, die Generierung von Evidenz bei klinischen Studien zu beschleunigen. Zusammen mit der *Duke University School of Medicine* sowie *Stanford Medicine* wurde u. a. an einer Studie gearbeitet, die breit angelegte phänotypische Gesundheitsdaten von ca. 10.000 Personen in einer Datenbank konsolidiert.

Diese Grundlagenstudie hat die Aufgabe, eine klar definierte Referenz oder „Baseline" für gute Gesundheit sowie eine umfangreiche Datenplattform zu entwickeln, die dazu dienen kann, den **Übergang von Gesundheit zu Krankheit** besser zu verstehen und zusätzliche Risikofaktoren für Krankheiten zu identifizieren. Die Studie trägt umfassende Gesundheitsinformationen zusammen, die u. a. klinische, molekulare, bildgebende, selbstberichtete, verhaltens-, umwelt-, sensor- und andere gesundheitsbezogene Messdaten umfassen und somit zur Entwicklung einer großflächigen Datenplattform beitragen. Um diese Informationen zu organisieren, entwickelt Verily eine Infrastruktur, die **multidimensionale Gesundheitsdaten** verarbeiten kann.

Mit dem Projekt will man auch Ärzte in die Lage versetzen, die Entwicklung von z. B. Krebs- und Herzerkrankungen viel früher vorhersagen zu können, als dies derzeit möglich ist. Die Organisatoren hoffen, dass dies die **Medizin in eine neue Ära** führen wird, in der die Prävention und nicht die Behandlung im Mittelpunkt steht. Darüber hinaus zielt die Studie darauf ab, Biomarker zu identifizieren, die als Indikatoren z. B. für die Anfälligkeit von Menschen für bestimmte Krankheiten dienen können.

HINTERGRUNDWISSEN

Als Reaktion auf COVID-19 richtete Verily kürzlich das *Baseline COVID-19 Testing Program* (www.projectbaseline.com/study/covid-19/) ein, dass sich auf die Erweiterung des Zugangs zu COVID-19-Tests und -Screenings konzentriert.

In einer separaten Initiative will Verily ferner dazu beitragen, bessere Therapien für COVID-19-Infektionen zu ermöglichen; dazu treibt man die Antikörperforschung mit Schwerpunkt auf der Immunantwort voran. In diesem Zusammenhang ließen sich viele weitere Projekte und Firmen anführen.

BEISPIEL

Bei *Calico* (www.calicolabs.com/), *Googles* Biotech- und Life-Sciences-Firma, forschen Wissenschaftler u. a. über altersbedingte Krankheiten wie die Alzheimer-Demenz.

Dazu wird u. a. eine Datenbank zu Zellen aufgebaut, die den menschlichen **Alterungsprozess aufhalten** können. Des Weiteren erfolgte 2018 die Gründung eines Joint Venture von Verily und *ResMed*, einem weltweit führenden Unternehmen für die Behandlung von Schlafapnoe und Lösungen für vernetzte Gesundheit. Zusammen mit Verilys Technologien zur Analytik von Gesundheitsdaten will man die Auswirkungen unbehandelter, da nicht diagnostizierter, **Schlafapnoe** untersuchen und geeignete Softwarelösungen für Gesundheitsdienstleister entwickeln, damit Menschen mit Schlafapnoe und sonstigen schlafbezogenen Atmungsstörungen effizienter diagnostiziert, behandelt und betreut werden können.

Aber auch die Zusammenarbeit mit staatlichen Institutionen darf bei einer Gesamtschau nicht vergessen werden.

BEISPIEL

2016 erfolgte im Rahmen von *Project Streams* eine Zusammenarbeit von *Googles DeepMind* (➤ Kap. 3.1.3, ➤ Kap. 5.2.1, ➤ Kap. 5.2.4) in Großbritannien mit staatlichen Einrichtungen im Bereich Patientendaten.

Der Umgang mit den im Rahmen des 2016 gestarteten Projekts (Project Streams) gesammelten Daten wurde zwischenzeitlich von der britischen **Datenschutzbehörde**, dem Information Commissioner's Office (ICO), gegenüber dem Royal Free NHS Foundation Trust als **nicht rechtmäßig** bewertet. 2019 wurde bekannt, dass fünf Trusts des NHS Partnerschaften mit Google eingegangen sind, in deren Rahmen sensible Patientendaten verarbeitet wurden.

HINTERGRUNDWISSEN

Das britische KI-Start-up-Unternehmen DeepMind (zu dessen früheren Investoren u. a. Elon Musk, PayPal-Gründer Peter Thiel, Skype-Mitgründer Jaan Tallin und einer der einflussreichsten Männer Asiens, der Hongkonger Li Ka-shing gehörten) wurde 2014 durch den US-Konzern Google übernommen. Dies war die **bis dahin größte bekannte Übernahme** einer europäischen Firma durch Google. Der Konkurrent und Mitbieter Facebook hatte das Nachsehen. Die Besonderheit der KI von DeepMind im Vergleich zu anderen KIs besteht darin, dass sie nicht auf einem vorab definierten Problem und nicht ausschließlich auf einem neuronalen Netz beruht und zudem mit einem Kurzzeitspeicher erweitert ist. Damit ist diese KI nicht nur flexibler, sondern verfügt zudem über die Fähigkeit, ein **künstliches Gedächtnis** zu simulieren.

Auch der *Apple*-Konzern baut ein umfassendes digitales Ökosystem im Gesundheitswesen auf (➤ Kap. 3.3.1). Das Gesundheitswesen wird von Apple als wesentlicher Teil seiner Gesundheitsstrategie angesehen, in dem seine Apps, Services und Wearables einen wesentlichen Bestandteil ausmachen, so z. B. die Apple-eigenen Produkte iPhone, Apple Watch, iPad etc.

B E I S P I E L

Mit dem *Apple Health Kit* bietet der iPhone-Konzern eine Schnittstelle für Smartphone-Gesundheitsanwendungen und eine zentrale Sammelstelle für alle persönlichen Gesundheitsdaten.

Seine Open-Source-Plattform *ResearchKit* (www.apple.com/de/researchkit/) ermöglicht es u. a. medizinischen Forschern, zuverlässige und aussagekräftige Daten zu sammeln.

H I N T E R G R U N D W I S S E N

Die Smartwatch mit ihren KI-basierten Gesundheits-Apps fungiert dabei als Gesundheitscoach und -mentor bzw. als digitale Gesundheitszentrale direkt am Körper (vgl. These 9 in ➤ Kap. 5.1.9).

So verfügt auch die Smartwatch bereits über Apps, die bei unregelmäßigem Herzrhythmus oder Bluthochdruck warnen, Cholesterin- und Blutzuckerwerte sammeln und auswerten etc. Darüber hinaus ist der Konzern an vielen Forschungsprojekten beteiligt (z. B. zu Osteoporose, weiblicher Unfruchtbarkeit, Verbesserung der Parkinson-Therapie); dadurch ergibt sich wiederum der Zugriff auf eine Vielzahl von Daten, was auch deren anderweitige Verwendung möglich macht.

Der Aufkauf vielversprechender Start-ups gehört dabei ebenso zum Portfolio wie Tätigkeiten in der Medizintechnikbranche. Ziel dabei ist der Aufbau eines digitalen Ökosystems. In dessen Mittelpunkt steht die Datengewinnung und davon ausgehend bzw. darauf aufbauend die Entwicklung einer schier unendlichen Vielfalt von Gesundheitsangeboten.

B E I S P I E L

Facebook, das weltweit größte soziale Netzwerk, hat mit dem Tool *Preventive Health* (https://preventivehealth.facebook.com/) 2019 seinen ersten Vorstoß in den Markt der personalisierten digitalen Gesundheitstools öffentlich bekanntgegeben.

Vor dem Hintergrund der umfangreichen Aktivitäten seiner GAFAM-Konkurrenten und der Tatsache, dass Facebook mit seiner KI Unmengen an Verhaltensvorhersagen über Menschen erstellen kann, scheint der Konzern auf dem Markt des digitalen Gesundheitswesens bislang nicht übermäßig aktiv zu sein. Es bedarf aber keiner hellseherischen Fähigkeiten, um vorherzusagen, dass sich dies in naher Zukunft schnell ändern wird. Facebook ist bereits (un-)mittelbar in diversen Forschungsprojekten involviert, u. a. in einem Projekt mit der *New York School of Medicine*, das die MRT-Diagnostik mittels KI beschleunigen soll [7], bzw. der Chan Zuckerberg Initiative (➤ Kap. 5.2.3).

B E I S P I E L

Mit der 2018 erfolgten Übernahme der US-amerikanischen Online-Apotheke *Pillpack* (www.pillpack.com/) erweiterte *Amazon* seine digitale Gesundheitsplattform im Bereich der Gesundheitslogistik und vertreibt über diesen Weg bereits eine Vielzahl von Produkten.

Der US-amerikanische Apothekenmarkt wertete dies als Angriff auf die bisherige Hoheit des traditionellen Apothekengeschäfts. Die Frage lautet daher nicht, ob, sondern vielmehr wann Amazon aktiv versuchen wird, u. a. auch den deutschen Apothekenmarkt für sich zu beanspruchen.

BEISPIEL

Dazu passt die Übernahme des Telemedizin-Start-ups *Health Navigator* (www.healthnavigator. com/index.html) in 2019, knapp einen Monat, nachdem Amazon die virtuelle Gesundheitsklinik *Amazon Care* (https://amazon.care/) als nichtstaatlicher Gesundheitsdienstleistungsanbieter für seine Mitarbeiter in Seattle gegründet hatte.

Das Angebot von Amazon Care umfasst sowohl virtuelle als auch persönliche Betreuung, mit Telemedizin über App, Chat und Remote-Video sowie Folgebesuche und die persönliche Abgabe von verschreibungspflichtigen Medikamenten direkt zu Hause oder im Büro des Mitarbeiters. Andere große Unternehmen wie Apple bieten ihren Mitarbeitern im Rahmen ihrer Vergütungs- und Leistungspakete ebenfalls eigene vor Ort und aus der Ferne zugängliche Gesundheitsdienste an. Im Vergleich zu den von seinen Mitbewerbern angebotenen Diensten ist Amazon Care viel stärker nach außen ausgerichtet. Markenidentität und Präsentation deuten stark darauf hin, dass das Unternehmen darüber nachdenkt, dieses Programm über die eigene Belegschaft hinaus auszuweiten.

Zusammen mit dem von Amazon, J. P. Morgan und Berkshire Hathaway gestarteten *Project Haven* (https://havenhealthcare.com/) (➤ Kap. 5.2.3), der Sprachassistentin Alexa und allen weiteren Amazon-Produkten und -Projekten kann dies als weiterer Schritt auf dem Weg zur Eroberung des weltweiten digitalen Gesundheitsmarktes gewertet werden.

Bereits jetzt kann Amazon eindeutige Rückschlüsse über den Gesundheitszustand einer Person ziehen, die allein auf deren bisherigen Bestellungen beim Online-Händler basieren – Bestellungen wohlgemerkt, die nicht aus dem Gesundheitsbereich stammen müssen! Kleidungskäufe, Sportgeräte, Postleitzahl – all dies sind Indikatoren für potenzielle Amazon-Vorhersagen, ob jemand so gesund lebt, dass Amazon ihm bald seine firmeneigene Krankenversicherung zu einer vergünstigten Prämie anbieten wird.

5.2.3 BAT und Kollegen: Chinas Alibaba und Ping An, Jeff Bezos und Warren Buffets Project Haven, die Chan-Zuckerberg-Initiative u. v. m.

Angesichts der zu erwartenden Dominanz der GAFAMs ist es von nicht zu unterschätzender Wichtigkeit, auch deren Wettbewerber bzw. weitere globale Disruptoren für den Gesundheitsmarkt zu beleuchten. In diesem Jahrzehnt werden auch sie eine entscheidende Rolle im globalen Wettkampf um die Vorherrschaft auf dem Gesundheitsmarkt für sich beanspruchen bzw. im Hintergrund unterstützend aktiv sein.

Die Disruptoren des globalen Gesundheitswesens sind vielfältig und werden, wie in den vorherigen Kapiteln dargestellt, in den verschiedensten Bereichen auftreten, die von mHealth (mobile medizinische Geräte, Sensoren, Gesundheits-, Wellbeing- und Fitness-Apps) über Health-IT-Systeme und Technologien (KI, Blockchain) bis hin zu AR und VR sowie Robotik reichen, um nur einige Beispiele zu nennen.

H I N T E R G R U N D W I S S E N

Firmen und Initiativen wie u. a. *Ping An, Huawei, Qualcomm, Tencent, Honeywell, Garmin, Biovoti-on, Lensar, Softbank, iRobot, Panasonic* bzw. *Chan Zuckerberg Science* werden in den kommenden Jahren neben den GAFAMs den Markt maßgeblich prägen.

Die Liste lässt sich beliebig fortsetzen … Alle hier aufzuzählen würde den Rahmen dieses Buches bei Weitem überschreiten.

B E I S P I E L

Chinas *Ping An Healthcare and Technology* bietet im Zusammenspiel mit seiner Gesundheitsplatt-form *Ping An Good Doctor* den gesamten Bereich der Wertschöpfungskette von Vorsorge über Versicherungen bis hin zu Arztterminvereinbarung und Medikamentenversand an.

Mit rund 250 Mio. registrierten Nutzern ist Ping An Good Doctor eine der größten Tele-medizin-Plattformen weltweit, Tendenz steigend. Auch hier ließ sich, bedingt durch COVID-19, ein rasantes Wachstum beobachten: Vom 20.1.2020 bis zum 10.2.2020 ver-zeichnete die Plattform 1,11 Mrd. Besuche [8]. Ein elementarer Bestandteil der Gesund-heitsplattform ist die Anwendung von KI.

H I N T E R G R U N D W I S S E N

Im April 2020 erhielt Ping An Good Doctor eigenen Angaben zufolge für sein weltweit erstes KI-Gesundheitssystem, das internationale Standards erfüllt, die **höchste Zertifizierungsstufe** der weltweit größten Hausarztorganisation WONCA [9]. Es ist das **erste Mal**, dass ein chinesi-sches medizinisches System diese Auszeichnung erhielt.
Hinter der Gesundheitsplattform steht der große chinesische Versicherungskonzern *Ping An*, der zu den weltweit größten Versicherern zählt und sich auf Augenhöhe mit den großen Versicherungs-konzernen dieser Welt wie Allianz und Axa bewegt.

Damit wurde hier eines der **weltweit größten digitalen Gesundheitsökosysteme** auf-gebaut, das weit über das Kernversicherungsgeschäft hinausgeht und gerade im Gesund-heitssektor ein Netzwerk verschiedenster Plattformen vorweisen kann (vgl. These 12 in ➤ Kap. 5.1.12). So kann man Kunden, über das ursprüngliche Versicherungsgeschäft hinaus, entlang der Wertschöpfungskette verschiedenste digitale Gesundheitsdienstleis-tungen anbieten und an das Unternehmen binden.

B E I S P I E L

Ein weiteres Unternehmen ist Alibaba mit *Alibaba Health Information Technology*. Dabei handelt es sich um eine Beteiligungsgesellschaft, die hauptsächlich im pharmazeutischen E-Commerce-Geschäft und in der Bereitstellung von E-Commerce-Plattform-Services tätig ist.

Dies u. a. im Zusammenhang mit Health-Food-Händlern, dem Online- und Offline-Ver-trieb von Gesundheitsprodukten, dem Aufbau eines medizinischen Dienstleistungsnetzes und anderer gesundheitsbezogener Dienstleistungen sowie der Erbringung von Tracking-Dienstleistungen, insbesondere für die Arzneimittelindustrie in der VR China [10].

Als Ziel von Project Haven wurde die Optimierung der Gesundheitsversorgung der eigenen Mitarbeiter in den USA angegeben. Die Mitarbeiter bzw. Patienten sollen einfacheren Zugang zu medizinischer Grundversorgung erhalten, Medikamente billiger werden und Krankenversicherungen einfacher zu verstehen und zu nutzen sein. Zudem sollen Daten und moderne Technologie helfen, das Gesundheitssystem zu optimieren. Dabei können Sprachassistenten wie Alexa (➤ Kap. 5.2.1) zum Einsatz kommen, die bereits vorab durch Interaktion mit dem Nutzer dessen Gesundheitszustand erkennen können (zur Beendigung von Project Haven ➤ Kap. 5.2).

Besonders hervorzuheben ist dabei das 2016 bekanntgegebene Programm Chan Zuckerberg Science.

Als Hauptziel gibt die Firma an, einen wesentlichen Beitrag zur Heilung, Behandlung und Vorbeugung aller Krankheiten leisten zu wollen. Eine der ersten Übernahmen der Chan Zuckerberg Initiative erfolgte 2017; dabei handelt es sich interessanterweise um eine Firma mit einem KI-basierten Produkt.

5.2.4 Zukunft mit GAFAM & Co.: Health Revolution oder Schreckensszenario?

Vor dem Hintergrund der vorangegangenen Darstellungen zu GAFAM & Co. stellt sich unweigerlich die Frage, wie sich unser Gesundheitssystem durch den zunehmenden Einfluss solcher Unternehmen verändern wird:
- Wird es sich zum **Guten** oder doch eher zum **Schlechten** verändern?
- Besteht das **Erfordernis, große europäische Gegengewichte** aufzubauen?
- Sollte man grundsätzlich vom Einsatz der Anwendungen dieser Konzerne abraten, weil dadurch der **gläserne Bürger** entsteht, dessen personenbezogene Gesundheitsdaten dezentral auf Servern der GAFAMs gespeichert werden? Daten, die in großer Menge auch im Rahmen von ML und KI zum Einsatz kommen.
- Wird Big Tech zum **disruptiven Sparringpartner** oder zum **Monopolisten**, der alles und jeden im Gesundheitswesen vor sich hertreibt?

HINTERGRUNDWISSEN

Angesichts z.B. der im Juli 2020 bekanntgegebenen **Übernahme** des Gesundheitsdaten-Spezialisten *Fitbit* durch *Google* und damit Googles Zugriff auf die Gesundheitsdaten von Millionen Menschen gewinnen die oben skizzierten Fragen immer mehr an Brisanz.

Dabei darf nicht vergessen werden, dass in den vergangenen Jahren gegen einige der GAFAMs wegen Verstößen gegen EU-Wettbewerbsrecht und -Datenschutzgesetze bereits Rekordstrafen verhängt wurden und dass aktuell weltweit vermehrt Rechtsverfahren gegen diese Unternehmen – u. a. wegen ihrer marktbeherrschenden Stellung – laufen und auch noch weitere eingeleitet werden.

HINTERGRUNDWISSEN

- Im Juli 2020 mussten die CEOs von Google, Apple, Facebook und Amazon vor dem **US-Kongress** Rede und Antwort stehen.
- Mehr oder weniger zeitgleich kündigte die **australische Wettbewerbsbehörde** an, rechtlich gegen Google vorgehen zu wollen, und zwar wegen Irreführung der Verbraucher hinsichtlich ihrer Einwilligung in die Nutzung ihrer persönlichen Daten für gezielte Werbung; im Raum steht eine Geldstrafe in Millionenhöhe.

Beinahe ironisch mutet es da an, dass auf der anderen Seite Facebook gerichtlich gegen Datenanfragen der EU-Kommission vorgeht. Facebook begründet dies damit, dass die Datenanfragen zu weit gingen und u. a. medizinische Daten von Mitarbeitern beträfen [11]. Auch Fälle aus der jüngsten Vergangenheit lassen aufhorchen.

BEISPIEL

So kam es bei *Project Nightingale*, einem Datenaustauschprogramm zwischen *Google* und dem nordamerikanischen Non-Profit-Gesundheitsdienstleister *Ascension*, zu der bis dahin umfangreichsten Weitergabe von Gesundheitsdaten an Dritte.

Dabei überließ Ascension, das auch in der Entwicklung medizinischer KI-Anwendungen aktiv ist, seit 2018 dem Internetkonzern aus seinen Krankenhäusern bzw. Behandlungszentren in mehreren US-Bundesstaaten nichtanonymisierte Patientendaten zur Auswertung, ohne die betroffenen Patienten und Ärzte vorher zu informieren bzw. deren Einwilligung einzuholen.

BEISPIEL

In Großbritannien wurde *Googles DeepMind* (https://deepmind.com/) (➤ Kap. 3.1.3, ➤ Kap. 5.2.1, ➤ Kap. 5.2.2) 2016 im Rahmen einer App-Testphase Zugriff auf Millionen von hochsensiblen Daten von Krankenhauspatienten ermöglicht, ohne dass diese ausreichend darüber aufgeklärt worden waren, in welcher Art und Weise ihre Daten genutzt werden [12].

Dabei wurden u. a. Informationen über Abtreibungen, HIV-Testergebnisse, Drogenabhängigkeit, Unterbringung und Zustand von Patienten bis hin zu detaillierten Angaben über stationäre Aufenthalte übermittelt. Dies wurde zwischenzeitlich durch das britische ICO gegenüber dem Royal Free NHS Foundation Trust als rechtswidrig eingestuft [13].

Fazit 1

Fakt ist, dass Umgang und Interaktion mit den großen Tech-Unternehmen **unvermeidbar** sein werden. Längst haben sie sich zu unverzichtbaren technologischen Infrastrukturanbietern entwickelt und werden diese Rolle gerade im Gesundheitswesen immer stärker ausbauen und für sich beanspruchen. Die nötige Finanzkraft und den Informationsvorsprung haben sie.

Dass dies so ist, hat die COVID-19-Pandemie nachdrücklich demonstriert, etwa dadurch, dass Regierungen beim Aufbau eigener Corona-Tracking-Apps von den Big Techs unterstützt wurden. Jene europäischen Staaten, die dabei auf eine dezentrale Datenhaltung setzen, verwenden ein Datenprotokoll, das wesentlich von Google und Apple mitentwickelt wurde. Man mag zwar kritisieren, dass Apple und Google sich dabei mit ihrer Forderung nach einer dezentralen Softwarelösung durchgesetzt haben, abgesehen von wenigen Ausnahmen wie Frankreich, die eine zentrale Lösung favorisieren. Fakt ist aber auch, dass beide Konzerne über die erforderlichen Mittel (vgl. Fazit 1) verfügen, die nötig sind, um im weltweiten Kampf gegen COVID-19 die Corona-Tracking-Apps problemlos und schnell zur Verfügung stellen zu können.

HINTERGRUNDWISSEN

In diesem Zusammenhang wird gelegentlich die Forderung nach Entwicklung und Aufbau eines eigenen **nationalen bzw. europäischen Gesundheits-App-Stores** als Gegengewicht zur Macht der GAFAMs laut.

Bei dieser Diskussion stellen sich aber unweigerlich die grundsätzlichen Fragen zu Finanzierbarkeit, Zeitfaktor, technischer Machbarkeit und Aufbau der dazu erforderlichen technischen Infrastruktur.

Fazit 2

Vertragliche Reglungen bzw. **(Über-)Regulierungen,** gerade im Zusammenhang mit KI und (Gesundheits-)Daten stellen **nicht die Ultima Ratio** dar, z. B. wenn es um die Frage geht, wer die für die Algorithmen erforderlichen Gesundheitsdaten wo und wie sammelt und verarbeitet. Allerdings bedarf es **klar formulierter gesetzlicher Rahmenbedingungen**, die Innovation und Fortschritt in einem für die Zukunftsfähigkeit eines Landes erforderlichen Ausmaß zulassen, unter gleichzeitiger Begrenzung der marktbeherrschenden Stellung einzelner Firmen.

So wird von manchen vorgeschlagen, Daten gar nicht erst an die Amazon- oder Google-Server zu übermitteln, sondern sie im z. B. Verantwortungsbereich des Gesundheitsdienstleisters zu belassen, der sie erhoben hat, und sie auf dessen eigenen Servern zu speichern.

Auch an einer Weiterentwicklung des nationalen und europäischen Wettbewerbsrechts sowie einer Regulierung der Big-Tech-Plattformen durch eine **Plattformverordnung** bzw. sog. **Digital Services Act (DSA)** für marktbeherrschende Digitalunternehmen wird gearbeitet.

Aber ist es allein damit getan, gesetzlich z. B. die Portabilität von Daten und die Art und Weise der Verwendung von Algorithmen festzuschreiben sowie verfahrensrechtliche Mitwirkungspflichten der Big Techs zu verankern?

Fazit 3

Geht es um die zukünftige Rolle von GAFAM & Co., so kommt den **Bürgern** eine maßgebliche – wenn nicht sogar die **entscheidende Rolle** – zu. Daher gilt es, den **gesellschaftlichen Diskurs** zu diesem Thema mit allen Stakeholdern pragmatisch, koordiniert und analytisch zu führen!

Bereits jetzt geben viele Nutzer ihre persönlichen Daten bereitwillig – und teilweise unbewusst – gegenüber GAFAM & Co. frei und nutzen aktiv deren Angebote. Andererseits zögern viele, wenn es um die Bereitstellung ihrer Daten z. B. zu medizinischen Forschungszwecken an ein Krankenhaus o. Ä. geht. Zukünftig wird hier der Aspekt hinzukommen, dass der Bürger möglicherweise seine Daten aktiv demjenigen überlässt, der ihm hierfür das attraktivste Angebot unterbreitet (vgl. These 7 in ➤ Kap. 5.1.7). Dies können durchaus auch Google oder Amazon sein. Der Bürger muss daher ein Bewusstsein für den Handlungsspielraum von GAFAM & Co. in Bezug auf den Umgang mit insbesondere sensiblen Gesundheitsdaten entwickeln.

Die Welt des Gesundheitswesens ist zwar weder schwarz noch weiß, doch gibt es durchaus nachvollziehbare Argumente für ein klares Pro oder Kontra gegenüber GAFAM & Co.

Fazit 4

Unbestritten ist, dass die großen internationalen **Tech-Firmen** mit ihrem **Know-how**, ihren **technischen Strukturen** und anderweitigen **Ressourcen** durchaus zum gesundheitlichen Nutzen der Bürger und des Gesundheitswesens beitragen können.

Bereits jetzt arbeiten einige der weltweit führenden Wissenschaftler und Gesundheitsexperten bei den Big Techs und bringen ihr Wissen aus Forschung, Industrie und Praxis dort ein. Interessant ist auch z. B. die aktuelle Ankündigung von Amazons Jeff Bezos, knapp 4 Mrd. USD in den Infektionsschutz zu investieren und so die erste und potenziell einzig virenfreie Lieferkette der Welt zu werden.

Fazit 5

Der **Politik** (➤ Kap. 6) kommt eine maßgebliche Rolle dabei zu. Sie muss
• den **Dialog** mit den GAFAMs dieser Welt suchen und aktiv mitgestalten, ohne Rücksicht auf deren Größe und Finanzkraft zu nehmen;
• **gesetzliche Rahmenbedingungen** schaffen;
• einen **maßvollen Mittelweg** finden und gestalten – vor dem Hintergrund der Gestaltung von Alternativszenarien;
• **Verantwortlichkeiten** klar definieren und einfordern;
• bei der **Interessenabwägung** Aspekte der Gerechtigkeit, der Privatsphäre, des Datenschutzes, der informationellen Selbstbestimmung und Unabhängigkeit wahren;
• den Verantwortlichen die **Konsequenzen** ihres Handelns aufzeigen, sofern dieses den gültigen Normen zuwiderläuft, und sie im Falle der Nichtbeachtung zur Rechenschaft ziehen.

Nur so kann ein **nachhaltiges Gesundheitswesen**, in dem **Innovation** und **Wettbewerb** als treibende Kräfte fungieren, angepasst an die **Realität**, geschaffen werden.

Aber auch der Industrie sowie allen anderen Beteiligten im Gesundheitswesen kommt eine entscheidende Rolle zu, wenn es darum geht, ein **tragfähiges, transparentes und**

datenschutzkonformes digitales Gesundheitswesen zu gestalten, das die zukünftigen Herausforderungen **flexibel und proaktiv** angehen und meistern kann.

QUELLEN

[1] Forsa Umfrage, Techniker Krankenkasse, Studie zur Digitalen Gesundheitskompetenz 2018, „Homo Digivitalis", April 2018, S. 5, www.tk.de/resource/blob/2040318/a5b86c402575d49f9b26d10458d47a60/studienband-tk-studie-homo-digivitalis-2018-data.pdf (letzter Zugriff: 9.11.2020).

[2] National Public Radio, 28.7.2020, „Big tech in Washington's Hot Seat: What you need to know", www.npr.org/2020/07/28/894834512/big-tech-in-washingtons-hot-seat-what-you-need-to-know?t=1602063382742 (letzter Zugriff: 9.11.2020).

[3] Microsoft, 19.5.2020, https://blogs.microsoft.com/ai/openai-azure-supercomputer/ (letzter Zugriff: 9.11.2020).

[4] Healthcare IT News, „Mayo Clinic arms Amazon Alexa with first-aid skill", 15.9.2017, www.healthcareitnews.com/news/mayo-clinic-arms-amazon-alexa-first-aid-skill (letzter Zugriff: 9.11.2020).

[5] Regierung des Vereinigten Königreichs, www.gov.uk/government/news/nhs-health-information-available-through-amazon-s-alexa (letzter Zugriff: 9.11.2020).

[6] Poplin R, Varadarajan A, Blumer K, et al. Prediction of cardiovascular risk factors from retinal fundus photographs via deep learning. Nature Biomedical Engineering 2018; 2: 158–164.

[7] Facebook Engineering, „Facebook and NYU School of Medicine launch research collaboration to improve MRI", 20.8.2019, https://engineering.fb.com/ai-research/facebook-and-nyu-school-of-medicine-launch-research-collaboration-to-improve-mri/ (letzter Zugriff: 9.11.2020).

[8] PR Newswire, „Ping An Good Doctor Launches Global Medical Consultation Platform in 24/7 Support of Anti-COVID-19 Efforts", 8.4.2020, www.prnewswire.com/news-releases/ping-an-good-doctor-launches-global-medical-consultation-platform-in-247-support-of-anti-covid-19-efforts-301037344.html (letzter Zugriff: 9.11.2020).

[9] PR Newswire, „Ping An Good Doctor's AI System Receives WONCA Certification of Highest Standard", 16.4.2020, www.prnewswire.com/news-releases/ping-an-good-doctors-ai-system-receives-wonca-certification-of-highest-standard-301041715.html (letzter Zugriff: 9.11.2020).

[10] Marketscreener, https://de.marketscreener.com/kurs/aktie/ALIBABA-HEALTH-INFORMATIO-6165753/unternehmen/ (letzter Zugriff: 9.11.2020).

[11] Reuters, „Facebook gains temporary court reprieve on EU antitrust data demand", 28.7.2020, www.reuters.com/article/us-eu-facebook-antitrust/facebook-gains-temporary-court-reprieve-on-eu-antitrust-data-demand-idUSKCN24T18O (letzter Zugriff: 9.11.2020).

[12] New Scientist, „Revealed: Google AI has access to huge haul of NHS patient data", 29.4.2020, www.newscientist.com/article/2086454-revealed-google-ai-has-access-to-huge-haul-of-nhs-patient-data/ (letzter Zugriff: 9.11.2020).

[13] BBC News, 3.7.2017, „Google DeepMind NHS app test broke UK privacy law", www.bbc.com/news/technology-40483202 (letzter Zugriff: 9.11.2020).

5

6 Digitales Gesundheitswesen 1492?

„Innovation entsteht, wenn Menschen anders und nicht gleich denken. Sich diese Denkweise zu eigen zu machen ist eine grundlegende Voraussetzung für eine erfolgreiche Digitalisierung des Gesundheitswesens und den Einsatz zukunftsweisender Technologien."

Nicole Formica-Schiller

Es ist **Zeit für Veränderung**! Diese Veränderung hat bereits eingesetzt, und unbestritten ist, dass wir in den kommenden Jahren – bedingt durch die zunehmende Digitalisierung – gerade im Gesundheitswesen einen massiven Wandel erleben werden. Eines wird sich dabei nicht verändern, und zwar die Tatsache, dass Gesundheit uns alle betrifft: den einen früher, den anderen später, als Individuum oder als Kollektiv, als Privatperson oder Staatengemeinschaft. Manche beschäftigen sich mit dem Thema eher gleichgültig, andere mit großer Leidenschaft, sei es berufsbedingt, sei es als Hobby, krankheitsbedingt oder aus purem Interesse. Es lassen sich viele weitere Gründe anführen, warum sich Menschen weltweit mit dem Thema Gesundheit auseinandersetzen. Verstärkt wird diese Entwicklung aktuell durch COVID-19. Insbesondere der Blick auf die Digitalisierung des Gesundheitswesens wird geschärft, und mit aller Deutlichkeit zeigen sich dabei die vorhandenen Schwachstellen.

Die Ausführungen in diesem Buch sollen bei Ihnen, werte Leserinnen und Leser, einen Diskurs anstoßen und Ihnen dabei helfen, mit der Geschwindigkeit der digitalen Entwicklungen und auch den Möglichkeiten, die diese bietet, Schritt zu halten, indem Sie Zusammenhänge, Chancen und Herausforderungen erkennen, Anwendungsmöglichkeiten verstehen und diese besser in den Gesamtkontext des Gesundheitswesens einordnen können.

Dieses Buch soll Sie aber auch zum **Hinterfragen des Status quo** und der **Gestaltung unserer digitalen Zukunft** im Gesundheitswesen anregen – stets mit dem vorrangigen Ziel der Erhaltung und Verbesserung der Gesundheit vor dem Hintergrund einer gesundheitlichen Chancengleichheit und eines effektiven Gesundheitswesens.

Wir stehen derzeit an einem **Wendepunkt**. Die Digitalisierung erfasst uns alle. Zwar befinden wir uns aktuell im **21. Jahrhundert**, aber irgendwie auch im **Jahr 1492**. Vergleichbar dem damaligen Aufbruch in die neue Welt erleben wir heute den Aufbruch in die neue digitale Welt. Als Christopher Kolumbus damals Amerika entdeckte, konnte niemand vorhersehen, was genau dies für die Welt und die heutigen Vereinigten Staaten von Amerika bedeuten würde. Genauso wenig kann heute jemand exakt vorhersagen, wohin uns die Digitalisierung und die damit einhergehenden Technologien in einigen Jahrzehnten bzw. Jahrhunderten geführt haben werden. Fakt ist aber, dass Gesundheit genauso wie die fortschreitende Digitalisierung als **gesellschaftspolitische Aufgabe** zu verstehen ist, die es mit aller Intensität und den dafür notwendigen Kapazitäten erfolgreich umzusetzen gilt.

Wie auf den vorherigen Seiten dargestellt, bietet die Digitalisierung viele Vorteile, die es gerade im Gesundheitswesen zu nutzen gilt. Aber auch den hier dargelegten Herausforderungen und Fragestellungen gilt es zu begegnen – nicht nur auf nationaler, sondern auch auf europäischer und internationaler Ebene. COVID-19 hat uns gezeigt, dass die damit einhergehenden großen Herausforderungen symptomatisch für das globale Gesundheitswesen sind. Diesen gilt es mit den Möglichkeiten der in diesem Buch dargestellten technologischen Neuerungen im Sinne einer **zukunftsorientierten Transformation** zu begegnen, wie es einige Länder bereits erfolgreich tun.

Das verbindende Element von COVID-19 und der Digitalisierung ist, dass die Pandemie der Digitalisierung starken Auftrieb verliehen hat und zu ihrer weiteren Beschleunigung beitragen wird. Der Unterschied ist, dass COVID-19 – in hoffentlich nicht allzu ferner Zukunft – nicht mehr der maßgebliche und treibende Faktor der globalisierten Welt sein wird, die Digitalisierung und damit einhergehenden Technologien diese Funktion aber definitiv weiterhin erfüllen werden.

Wenn wir durch den Einsatz dieser zukunftsweisenden Technologien, gerade im Bereich des Gesundheitswesens, auch in Zukunft positive Veränderungen erreichen wollen, ist es unabdingbar**, Veränderung zuzulassen** und eine **Fehlerkultur zu etablieren**. Denn es ist unbestritten, dass der Einsatz von KI, Blockchain und anderen disruptiven Technologien in vielen Bereichen mit bislang ungeklärten Fragestellungen einhergeht. Antworten auf diese Fragen und die passenden Lösungen zu finden erfordert daher auch den **Mut, digitales Neuland zu betreten** und sich auf dieses einzulassen – auch auf die Gefahr hin, dabei Fehler zu machen.

Als Unternehmerin wünsche ich mir beim Thema Digitalisierung und Einsatz disruptiver Technologien daher mehr **Start-up-Mentalität**. Das Streben nach absoluter Fehlervermeidung blockiert die **Innovationsfähigkeit**, die **Flexibilität** und die **Verbesserung des Status quo**. Partielle Fehlerminimierung ist produktiver als Fehlervermeidung. Denn Fehler gehören zum Alltag, sie sind kein K.O.-Kriterium. Vielmehr lernt man aus Fehlern bekannterweise. Als Juristin sind mir die globalen juristischen Fallstricke und die oftmals in der öffentlichen Diskussion geforderten gesetzlichen Rahmenbedingungen bei der Digitalisierung sowie dem Einsatz von KI, Blockchain und disruptiven Technologien bewusst. Mein wirtschaftswissenschaftliches Studium hat mir aber auch mit auf den Weg gegeben, diese stets in den Kontext der Wirtschaftlichkeit und **globalen Wettbewerbsfähigkeit** eines Landes zu setzen.

Nicht erst COVID-19 hat uns aufgezeigt, wie essenziell die Digitalisierung und der erforderliche technologische Fortschritt für die **Wirtschaftsfähigkeit** und den **Wohlstand eines Landes** mit direkten Auswirkungen auf das Gesundheitswesen sind. Bereits zu Beginn meiner beruflichen Laufbahn hatte ich das Glück, in einen der bis dato größten Sachverhalte im Zusammenhang mit Big Tech involviert gewesen zu sein. Dies hat früh meine Begeisterung für das technologisch Mögliche, aber auch dessen Grenzen geweckt und **meine Vision** für eine Integration zukunftsweisender Technologien und Umsetzung der Digitalisierung zum besten Nutzen für das Individuum sowie die Gesellschaft entscheidend mitgeprägt. Dafür bedarf es einer **konkreten Strategie**, mit in Teilen durchaus visionären Ansätzen, klarer **Zielformulierungen**, eines **Zeithorizonts** und eines **realistischen Umsetzungsplans**, bei dem Vor- und Nachteile, wie sie in diesem Buch exemplarisch dargestellt sind, angemessen gegeneinander abgewogen werden.

Lassen Sie uns daher, nicht nur, aber gerade auch im Gesundheitswesen die Digitalisierung weiter effektiv vorantreiben, anstatt im Status quo zu verharren, abzuwarten und sich hierzu in schier endlosen Diskussionen zu verfangen, um am Ende feststellen zu müssen, dass andere uns längst überholt haben.

Der **Schritt von der Theorie in die Praxis**, das Austesten, ob die abstrakt entworfenen Ansätze in der Realität auch umsetzbar und anwendbar sind, ist ein unabdingbarer Schlüsselfaktor für eine erfolgreiche Digitalisierung. Digitalen Fortschritt durch die Anwendung zukunftsweisender Technologien wird es nicht ohne „Trial and Error" geben. Als einmal für gut befundene Lösungsansätze müssen aufgrund der sich permanent weiterentwickelnden Technologien immer wieder neu überdacht und bei Bedarf angepasst werden. Aber genau dies ist ein wesentlicher Bestandteil auf dem Weg zu einer erfolgreichen und zielführenden Digitalisierung des Gesundheitswesens. Einzelfallentscheidungen müssen dabei flexibel möglich sein, denn „One-Size-Fits-All"-Lösungen sind aufgrund der Komplexität der digitalen Materie nicht möglich. Es bedarf digitaler Lösungen, ausgerichtet an den individuellen Bedürfnissen, Strukturen und Abläufen der jeweiligen Stakeholder.

Dabei muss das Thema Gesundheit und digitaler Fortschritt in seiner gesamten Komplexität betrachtet und umgesetzt werden. Dazu gehört, diesen Komplex als **Zusammenspiel von Mensch und Technik** und nicht als Mensch versus Digitalisierung und disruptive Technologien zu verstehen. Zudem ist dies eine **gesamtgesellschaftliche** und auch **politische Aufgabe** (vgl. ➤ Kap. 5.2.4), bei der es unabdingbar einer vertieften **Debatte und Kooperation** mit der Industrie, der akademischen Forschung und den weiteren Stakeholdern des Gesundheitswesens bedarf.

Entscheidend dabei ist es, auf dem Weg der Digitalisierung und der Anwendung zukunftsweisender Technologien wie u. a. KI die Gesellschaft als Ganzes mitzunehmen. Der **Bürger bzw. der Patient** als Individuum hat dabei als **gleichberechtigter** Partner im **Mittelpunkt** zu stehen. Denn insbesondere dessen Gesundheitsdaten sind es, die bei der Digitalisierung des Gesundheitswesens und beim Einsatz disruptiver Technologien eine entscheidende Rolle spielen. Hierfür braucht es aufseiten der Bürger **Vertrauen** in eine **transparente** und **rechtskonforme** Gestaltung des digitalen Gesundheitswesens ebenso wie in einen **fairen** und **datenschutzkonformen** Umgang mit personenbezogenen Gesundheitsdaten, der die allgemeingültigen **Werte und Normen** der Gesellschaft widerspiegelt. In diesem Zusammenhang bedarf es aber auch des Zusammenspiels und Vertrauens zwischen den bisherigen traditionellen und neuen digitalen Akteuren im Gesundheitswesen unter gleichzeitiger Einbindung der Bevölkerung. Das Potenzial zukunftsweisender Technologien wird niemals im bestmöglichen Umfang ausgeschöpft werden können, ohne dass die Gesellschaft für die richtige Umsetzung der Digitalisierung **Bereitschaft und Verständnis** zeigt.

COVID-19 hat in vielen Bereichen zu einer Beschleunigung der Digitalisierung und zur Disruption des Status quo in einem derartigen Ausmaß geführt, das viele vor der Pandemie nicht für möglich gehalten hätten. Diese Entwicklungen sind aber **kein Selbstläufer**. Lassen Sie uns diese Pandemie und die damit verbundenen globalen Herausforderungen als **einmalige digitale Chance** begreifen und die dadurch freigesetzten, von vielen ungeahnten Kräfte nutzen, um den Einsatz disruptiver Technologien und die Digitalisierung des Gesundheitswesens nachhaltig zu forcieren! Nicht trotz COVID-19 und der dadurch bedingten Disruption, sondern gerade deswegen.

Wir haben jetzt die unwiederbringliche Möglichkeit, die **Weichen zu stellen**, um uns digital u. a. in den Bereichen KI und Blockchain effizient für die Zukunft aufzustellen. Nicht für alles gibt es von Anfang an eine hundertprozentige Lösung. Ebenso wie

Christopher Kolumbus im Jahr 1492 werden auch wir es stets mit immer wieder neu auf-kommenden Fragestellungen zu tun haben. Diese gilt es aus verschiedenen Perspektiven interdisziplinär und unter Involvierung aller relevanten Akteure zu hinterfragen und zu lösen.

Dabei darf es zu keinem Konflikt oder gar Riss in der Gesellschaft kommen im Sinne von Pro oder Kontra der Verwendung zukunftsweisender Technologien insbesondere im Gesundheitswesen. Denn gerade bei der Diskussion der damit unmittelbar zusammen-hängenden Herausforderungen, aber auch der vielfältigen Chancen (vgl. ➤ Kap. 2.2, ➤ Kap. 3.2, ➤ Kap. 4.2, ➤ Kap. 5.2.4) schadet es nicht, sich mit den Standpunkten des Gegenübers intensiv auseinanderzusetzen, vielmehr stellt dieses eine unbedingt notwen-dige Gesprächsbasis dar.

Daher müssen wir uns bereits heute mit der Zukunft auseinandersetzen, um eine soli-de Wissensbasis aufzubauen über die Herausforderungen, aber auch Chancen, die diese Zukunft bringen kann. Nur so können wir bereits in der Gegenwart unser Handeln auf die Zukunft ausrichten, um diese effizient zu gestalten.

Denn **wo ein Wille ist, ist auch ein Weg**. Lassen Sie uns diesen mutig und innovativ gemeinsam gehen und an einem bestmöglichen Einsatz zukunftsweisender Technologien und der erfolgreichen Umsetzung der Digitalisierung arbeiten. Es ist unsere Gesundheit und unsere digitale Zukunft!

6

Register

5G   107
6G   107

A

Agenda 2030   1
Agentenplattform, virtuelle   61
Algorithmen   8, 34
– Backpropagation   41
– Definition   39
– klinische Entscheidungshilfen   55
– Konsens-   69
– Machine Learning   40
– Risikoermittlung   120
– Trainingsarten   40
Alibaba   30, 117, 123–124
Allgemeinwohl   46
Allianzen, sektorübergreifende   109
Alterungsprozess   121
Alzheimer-Krankheit   58
Amazon   26, 30, 122
– Alexa   118
– Amazon Care   123
– Marktanteile   116
– Project Haven   125
Anomalien   56
Anonyme Transaktionen   69
Anonymisierte Daten   89
Anthropomorphe Roboter   11
Apothekenbestände   60
Apple   27
– CareKit   52
– Health Kit   122
– Health Records   52
– Marktanteile   116
– ResearchKit   52, 122
Apps   14, 106
Artificial General Intelligence (AGI)   36
Artificial Intelligence (AI) *siehe* Künstliche
   Intelligenz (KI)
Artificial Narrow Intelligence (ANI)   35
Artificial Superintelligence (ASI)   36
Arzneimittelbetrug/-fälschung   86
Arzneimittelentwicklung
– KI und Machine Learning   50
– Rekrutierung von Studienteilnehmern   88
Arzneimittelversorgung, Chain of Custody
   86
Arzt-Patient-Verbindung   57
Arzt-Patient-Verhältnis im Wandel   104
Asien   2
– Blockchain-Technologie   30
– Digitalisierungsstrategien   28

Assistentenplattformen/-systeme   61
Atemwegserkrankungen   57
Augenscan-Analysen   56
Augmented Analytics   10
Augmented Reality   10, 29
Augmented Virtuality   10
Australien   30, 126
Autismus   52
Autonomous Things (AUT)   10

B

Backpropagation   41
Baseline COVID-19 Testing Program   120
BAT-Konzerne   123
Behandlungsplan
– Choice Architecture   59
– ML-generierter   56
– personalisierter   55, 80
Belegbettenkapazität   94
Beratungsgespräch, persönliches (nicht
   virtuelles)   110
Beschwerdemanagement   84
Betriebsmanagement, KI-gestütztes   62
Big Data
– Definition   37
– Gesundheitswesen   37, 97
Big Tech   28, 116
– Ökosystemaufbau   121, 124
– Rechtsverfahren   126
Big-Data-Screening   107
Bildanalyse   50
Bilddaten, medizinische   108
Bioelektronische Implantate   106
Biomarker   33, 51
– Identifikation   120
Biomechanische Untersuchungen   108
Bitcoins   67
Blockchain(-Technologie)
– Authentifizierung und Validierung   69
– China   30
– Cybersicherheit   75
– Datenaustausch   74
– Datenlöschbarkeit   77
– Datenmanagement im Rahmen klinischer
   Studien   88
– Datenverschlüsselung   78
– Definition   8, 67
– dezentrale Marktplätze   84
– digitale Signaturen   69
– Echtzeitzugriff   75
– Einsatz im Gesundheitswesen   2
– elektronische Patientenakte (ePA)   74, 79

– Federated   72
– Genomsequenzierung   82
– Governance und Regulierung   77
– Hash-Funktionen   68, 77
– Identitätsmanagement, digitales Patientenakte (ePA)   80
– Identitätsverwaltung, digitale   75
– Interoperabilität   81–82
– Konsensalgorithmen   69
– Konsensmechanismus   9, 70
– Konsortium   72
– Krisenmanagement   94
– Kryptografie   68
– Ledger   8
– Lieferkettenmanagement   86, 94
– Manipulationsschutz   70
– nichtvirtuelle klinische Studien   89
– Pandemiebekämpfung   90
– Patente   30
– Pilotprojekte   76
– Private   72
– Protokoll   9
– Public (öffentliche)   71
– Schlüssel, privater und öffentlicher   69
– Schweiz   28
– sichere Datennutzung   82
– Skalierbarkeit   75
– Smart Contracts   73
– Speicherkapazität und Energiebedarf   76
– Spendennachverfolgung   93
– Standardisierung   76
– Sybil-Angriff   71
– telemedizinische Dienste   85
– Track & Trace   87
– Tracking-Apps   92
– Transparenz   9
– USA   30
– Versicherungswirtschaft   80
– vertrauenslose   72
– virtuelle klinische Studien   88
Blockchainbasierte Plattformen   2
BlockTrial   89
Bluthochdruck   122
Bots   11
Brain-Computer-Interface (BCI)   107
Brain-Machine-Interface (BMI)   107
Bürger
– digitaler   2
– gleichberechtigter Partner   133

C

Chain of Custody   86
Chan Zuckerberg Initiative/Science   117, 125
Chatbots, Gesundheitsassistenz   58–59
China
– Alibaba   124
– Blockchain-Technologie   30
– Digitalisierungsstrategien   28
– idsMED   60
– Industrieförderung   29
– Patentanmeldungen   29–30
– Ping An   124
– Torch-Programm   28
– Zhonguancun-Hightech-Park   29
Choice Architecture   59
Compliance-Profil   86
Convolution Neural Networks   42
Corona-Tracking-Apps   2, 127
– Geolokalisierungsfunktionalität   92
– Self-Reporting-Anwendungen   92
COVID-19-Pandemie
– Bettenmanagement   94
– Blockchain-Anwendungen   90–91
– Datenverschlüsselung   93
– digitale Chance   133
– Digitalisierungsschub   20, 131
– globale Auswirkungen   1
– Hotspot-Früherkennung   91
– Impfstoffentwicklung, Spendennachverfolgung   93
– Krisenmanagement   94
– Lieferketten-/Versorgungsmanagement   94
– Peer-to-Peer-Netzwerk   95
– Rückverfolgung von Infektionsketten   91
– Telemedizin   29
– Tracking-Apps   92, 116
– virtuelle Patientenvisite   63, 110
COVID-19-Studien   51
Crypto Valley   28
CT-Scans   54
Cybersicherheit   75
– elektronische Gesundheitskarten/ Patientenakten   81

D

Dänemark   19, 79, 106
Data Mining   37, 119
Data Spaces   48
Daten
– gesundheitsbezogene *siehe* Gesundheitsdaten
– personenbezogene   48
– schmutzige   41
– strukturierte   38
– unstrukturierte   38
Datenbank
– dezentralisierte   8, 67
– konventionelle   37
Datenblock   67
Dateneigentum   100
Datenethikkommission, deutsche Bundesregierung   46

Datenhoheit, Patientendaten-Schutz-Gesetz
(PDSG)   23
Datenintegrität   87
Datenmengen   112
Datensätze
– Algorithmen   39
– Bildgebung   39, 108, 120
– Blocks   8, 67
– doppelte   41
– ganzheitliche (digitaler Zwilling)   107
– gesundheitsbezogene   26, 82
– komplexe   37, 50
Datenschutz   10
– Löschbarkeit von Daten   48, 77
– Patientendaten   74
Datenschutz-Grundverordnung
(DSGVO)   48, 77
Datenschutzkonformität   128, 133
Datensilos   100, 112
Datensouveränität   48
Datenspende, freiwillige
– Monetarisierung   104
– öffentliche Forschung   24
– Patientendaten-Schutz-Gesetz (PDSG)   23
Datenstruktur   112
Deep Learning (DL)
– Bilderkennung   56, 65
– Definition   42
– Open-Source-Technologie   53
– personalisierte KI-Erfahrungen   35
– vs. Machine Learning   42
Demenzforschung   121
Deutschland
– Datenethik   46
– Digitale-Versorgung-Gesetz (DVG)   21
– Digitalisierungsgeschwindigkeit   19
– elektronische Patientenakte (ePA)   22
– E-Rezept   22
– Gesundheits-Apps   14
– Patentanmeldungen   30
– Telemedizin   13
Diabetische Retinopathie   53
Diagnostik, KI-gestützte   122
– bildgebende   53
– IDx-DR (diabetische Retinopathie)   53, 55
– Lebensstilanalysen   55
Dialog   128
DiGA (Verzeichnis der Digitalen
Gesundheitsanwendungen)   23
Digital Computing   10
Digital Services Act (DSA)   127
Digitale Chancen   133
Digitale Gesundheit (digital health)   2, 7
– Definition   12
Digitale Gesundheitsplattformen   104
Digitale Identität   81

Digitale Kompetenz   103
Digitale Liefernetzwerke (DSNs)   64
Digitale Präventionsprogramme   103
Digitale Selbstvermessung   103
Digitale Souveränität   2
Digitale Zukunft   131
Digitaler Bürger
– mündiger   103
– selbstbestimmter Gesundheitsmanager   103
Digitaler Schlüssel   2, 9
– öffentlicher   69
– privater   69
Digitaler Wandel   16
Digitaler Zwilling   10
– Anwendungsbereiche   11
– intelligenter   108
– personalisierte Behandlung/Prävention   107
Digitales Neuland   132
Digitalethik   10, 46
Digitalisierung des Gesundheitswesens   7
– 4.0   98
– 5.0   98
– Blockchain-Netzwerke   30
– Blockchain-Technologie   17–18, 73, 78
– COVID-19-Pandemie   20
– Definition   11
– Deutschland   21
– elektronische Gesundheitskarte   22
– elektronische Patientenakte (ePA)   79
– Entwicklungen, weltweite   20
– Estland   81
– ethische Rahmenbedingungen   74
– Flexibilität   132
– Gemeinwohlorientierung   16
– gesellschaftliche Entscheidungsbefugnis   20
– gesellschaftspolitische Aufgabe   131
– gesetzliche Grundlagen   21
– globale Aspekte   19
– globale Strategien   113
– Großbritannien   80
– Herausforderungen   2, 16
– Infrastruktur   17
– Innovationsfähigkeit   132
– Innovationsfonds   23
– interdisziplinäre Ansätze   113
– internationaler Vergleich   19–20
– KI-gestützte Konzepte   17–18
– Kooperation   133
– nationale Strategien *siehe*
Digitalisierungsstrategien
– Neuerungen   25
– politische Debatte   133
– rechtliche Rahmenbedingungen   74, 127
– Rolle des Bürgers/Patienten   133
– Rolle des Staates   20
– Strategie- und Zielformulierung   132

– Südkorea   80
– technische Voraussetzungen   16
– Trial and Error   133
– Vertrauen   133
– Voraussetzungen   17
– Wettbewerbs-/Wirtschaftsfähigkeit   132
Digitalisierungsdefizit   18
Digitalisierungsschub   20
Digitalisierungsstrategie
– interdisziplinäres Konzept   19
Digitalisierungsstrategien
– China   28
– Deutschland   21
– Europäische Union   25
– Schweiz   27
– USA   28–29
Diskriminierung   47
Disruptive digitale Ökosysteme   109
Disruptive Innovationen/Technologien   9
Distributed Ledger Technology (DLT)   8, 71
Dokumentation, KI-gestützte
– Liefer-/Versorgungsketten   86
– medizinische   61
– Telemedizin   13
Dr. Google   119
Drug Supply Chain Security Act
    (DSCSA)   87–88

E
E-Coaches   102
Edge Computing   10
e-Gesundheitskarte   81
E-Health   12
eHealth Digital Service Infrastructure
    (eHDSI)   78
E-Health-Gesetz   22
E-Identity   81
Einwilligungsmanagement   90
Electronic Medical Record Adoption Model
    (EMRAM)   19
Elektrokardiografie (EKG)   102
Elektronische Gesundheitskarte (eGK)   22
Elektronische Patientenakte (ePA)
– Blockchain-Technologie   74
– Datenfreigabe, freiwillige   23
– Datenhoheit   23
– Estland   81
– Großbritannien   80
– Kritik   24
– Nutzungsbereitschaft   25
– Open-Source-Plattformen   80
– Südkorea   80
– Vorteile   79
– Zugriffsrechte, selektive   24
Elektrophysiologische Untersuchungen   108
Emotion AI   58

Entscheidungshilfen, klinische   55
E-Rezept   110
Ergebnisqualität, medizinische   111
Estland   19, 30, 81
Ethical Governance   46
Ethik   2
EU-DSGVO (Europäische Datenschutz-
    Grundverordnung)   26
Europäische Kommission
– Datenaustausch, Empfehlungen   78
– KI-Strategie   49
Europäische Union   2
– Blockchain und KI, Status quo   30
– Datenschutz-Grundverordnung
    (EU-DSGVO)   26
– digitaler Binnenmarkt   26
– Digitalisierungsstrategie   25
– Gesundheitsdatenraum   26
– KI-Strategie (Weißbuch)   26
Europäischer Gesundheitsdatenraum   26
European Health Data Space (EHDS)   2, 26

F
Facebook   27
– Chan Zuckerberg Initiative   125
– Marktanteile   116
– Preventive Health   122
Falschinformationen   105
Federated Blockchain   72
Fehlerkultur   132
Finanzierungs- und Vergütungssystem   111
Finnland   77, 106
Fitness-Tracker   102
Forderungsmanagement, KI-gestütztes   62
Frankreich   19, 30, 127

G
GAFAM 6.0   114
– Aktienkurse   116
– gesellschaftlicher Diskurs   128
– Gesundheitsforschung   119
– KI-Forschung   117
– Marktanteile   116
– Ökosystemaufbau   121
– Rolle der Politik   128
– Sprachassistenten   118
– Systemwandel   125
GAIA-X   26
Gefälschte Arzneimittel   86
gematik GmbH   21–22
Gemeinwohlorientierung   16, 19
Genomanalysen   54
Genomsequenzierung   82, 104
Gensequenzierung   17, 101
Geolokalisierungsfunktionalität   92
Geschäftsmodelle, nachhaltige   110

Gesundheit, digitale   2, 7
Gesundheitsakte, elektronische *siehe*
   Elektronische Patientenakte (ePA)
Gesundheits-Apps   14, 110
– BfArM-Überprüfung   23
– gesetzliche Regelungen   23
– KI-basierte   122
– nationale/europäische App Stores   127
Gesundheitsassistenten, KI-basierte   59
– Lernprozesse   61
Gesundheitsdaten
– anonymisierte   89
– Behandlungsergebnisse, bessere   102
– Cybersicherheit   75
– Datenbanken   112
– Datenerhebung   112
– Datenschutz   112
– Datenschutz- und Governanceaspekte   74
– Datenspende   128
– Datenzugang   112
– Echtzeitzugriff   75
– Eigentumsrechte   77, 100
– elektronische Patientenakte (ePA)   79
– gesetzliche Rahmenbedingungen   127
– Governance-Abläufe   112
– grenzüberschreitender Austausch   78
– Haftung 6.0   77
– individualisierte Therapie   101
– Integration   112
– Kosten   102
– Manipulationssicherheit   75
– monetärer Wert   83, 104
– Monetarisierung   77, 104, 128
– Nutzung für Forschungszwecke   23
– Open-Source-Plattformen   80
– personalisierte Werbung   100
– quantifizierte Selbstdaten   106
– rechtskonformer Umgang   19
– Regularien und Standards   113
– sektorübergreifende Aspekte   48
– sensible   2
– Spende an Privatunternehmen   24
– standardisierte und universell gültige
   Verfahren   112
– Token-Belohnungen   112
– traditionelle und nichttraditionelle
   Quellen   99
– Überregulierung   101, 127
– Vergütungssystem   101
– Vorteile gemeinsamer Nutzung   82
– Weitergabe ohne Einwilligung   126
– wirtschaftliche Bedeutung   100
Gesundheitsdienste, nichtstaatliche
   Anbieter   123
Gesundheitskarte, elektronische   22
Gesundheitskompetenz, digitale   105

Gesundheitsmanagement,
   selbstbestimmtes   103
Gesundheitsmarkt
– BAT   117
– GAFAM   116
Gesundheitsökosysteme, digitale   124
Gesundheitsplattformen, digitale   104
Gesundheitspolitik, intersektorale   113
Gesundheitsportale   103
Gesundheitsprävention
– digitaler Zwilling   107
– Lebensstilempfehlungen   103
– proaktive   55
– Risikoanalysen   54
Gesundheitssystem/-wesen
– administrative KI-Anwendungen   61
– BAT-Konzerne   123
– Beschwerdemanagement   84
– Big Data   37
– Blockchain-Plattformen   76
– digitale Zukunft   131
– Digitalisierung *siehe* Digitalisierung des
   Gesundheitswesens
– Einfluss von Big Tech   125
– Entwicklung   98
– Finanzierbarkeit   1
– GAFAM 6.0   114
– Herausforderungen   1
– lernendes   99–100
– nachhaltige Geschäftsmodelle   110
– Old Player   109
– Transformation, digitale   49
– verbraucherorientierte
   Versicherungsprogramme   84
– zukünftige Entwicklung   97
Gesundheitstelematik   13
Gesundheitstracker   57
Gesundheitsversorgung
– allgemeine   99
– patientenzentrierte   81
– personalisiertes Modell   81
– wertebasierte   111
– zukunftsorientierte Transformation   132
Gesundheitswesen 1.0   98
Gesundheitswesen 1492   131
Gesundheitswesen 4.0   98
Gesundheitswesen 5.0   98
– Änderung von Rollenverhältnissen   103
– Änderung im Informationszugang   103
– Arzt-Patient-Verhältnis   104
– Aufbau disruptiver Ökosysteme   109
– Bedeutung von Wearables   102
– Bildungsangebote   105
– Blockchain und KI (Synergieeffekte)   112
– Daten aus dem Körperinnern   105
– Datenschutzkonformität   128

– digitale Kompetenz   103
– digitaler Zwilling   107
– Dr. Google   119
– Gesundheitskompetenz, digitale   105
– Health in all Policies (HIP)   112
– Integrated Patient Care   111
– Interaktion, partnerschaftliche   104
– Kosten- und Vergütungsmodelle   111
– Lebensstilempfehlungen   102
– Nachhaltigkeit   128
– Offline- und Online-Angebote   110
– Patient Empowerment   103
– Patientennutzen   112
– personalisierte Medizin   101
– Prävention   102
– Quantencomputer   108
– Rolle der Politik   128
– sektorübergreifende Allianzen   109
– seltene Krankheiten   112
– Stellenwert von Daten   99
– Transparenz   99, 129
– Value-based Healthcare   111
– Vorsorgeuntersuchungen durch private
  Anbieter   104
Gesundheitswesen 6.0   98
Gesundheitszentren   109
GKV-Modernisierungsgesetz   21
Global Healthcare Blockchain Alliance   82
Globale Strategien   113
Google   26–27, 30, 109
– AlphaGo   35, 40
– AlphaGoZero   40
– DeepMind   40, 56, 119, 121, 126
– DeepVariant   53
– Marktanteile   116
– Project Baseline   120
– Project Nightingale   126
– Project Streams   121
– Verily Baseline COVID-19 Testing
  Program   120
– Verily Life Sciences   53, 120
Googlebit   126
Governance-Mechanismen   46
Großbritannien
– DeepMind   121, 126
– elektronische Patientenakte   80
– Gesundheitsinformationen über
  Alexa   118
– Patentanmeldungen   30

H
Haftung   45
Hardwareroboter   11
Hash-Funktionen   68, 77
Health in All Policies (HIP)   112–113
Herzinfarkt   33

Herzrhythmus(störungen)   58, 122
Humanoide Roboter   11
Hyperledger Fabric Framework   91
Hyperledger Healthcare   76
Hyperledger(-Technologie)   72, 76
Hyperscaler   26
Hypothetische KI   36

I
IBM Watson Health   76
Identität, digitale   81
Identitätsmanagement, digitales   80
idsMED   60
IDx-DR   53
IHE-Profile   78
Immersive Experience   10
Impfstoffentwicklung   93
Implantate   105
– bioelektronische   106
Information Commissioner's Office (ICO)   121
Informations- und
  Kommunikationstechnologie (IKT)   11
Infrastruktur, digitale   21
Innovation   2, 128, 131
– digitale   7
– disruptive   9
Innovationsfähigkeit   132
Innovationsfonds   23
Innovationsprozess   16
Innovative Vertragsmodelle   84
Input Layer (Eingabeschicht)   41
Insellösungen   18, 21
Integrated Patient Care   111
Intelligente Selbstbedienung   58
Intelligente Versorgungsketten   60
Intelligenter Ring/Schmuck   106
Intelligenz
– menschliche   8
– nachgeahmte *siehe* Künstliche Intelligenz
  (KI)   8
Interessenabwägung   128
Internet als Informationsquelle   105
Internet of Things (IoT)   12, 105
Interoperabilität   21, 52, 82, 100
Intersektorale Gesundheitspolitik   113
Israel   19, 54, 79, 111

K
Kanada   19, 30
Kapazitätsmanagement   62
KI-Observatorien   45
KI-Plattform   51
KI-TÜV   45
Klinische Studien
– Blockchain-Anwendungen/-Technologie   88
– BlockTrial   89

– Datenmanagement 89
– Einwilligungsmanagement 90
– Kostenfaktoren 88
– Patientenrekrutierung 51
– Real World Data/Evidence 100
– virtuelle 88
Knoten 68
Konsensmechanismus 9, 70
Koronare Herzkrankheit 54
Kosten 111
Krankenhausaufnahmen/-entlassungen 62
Krankenschwester-Assistentin, virtuelle 59
Krankenversicherung
– firmeneigene 123
– individualisierte 85
– lebensstil-/gesundheitsdatengesteuerte 29
– Prämiensenkung 100
Krankheitsmanagement 53
Kryptografie 68
Kryptowährungen 67, 71
KSI-Blockchain-Technologie 81
Künstliche Intelligenz (KI)
– administrative Anwendungen 60
– Anwendungsbeispiele/-bereiche 48–49
– Arbeitsplätze 43
– Arzneimittelentwicklung 50
– Assistentenplattformen/-systeme 61
– Behandlungspläne 56
– betriebliche Effizienzsteigerung 61
– Bilddiagnostik 53
– Black Boxes 47
– Deep Learning (DL) 35
– Definition 8, 34
– Diagnostikanwendungen 53
– digitaler Zwilling 108
– Diskriminierung 47
– Einsatzmöglichkeiten im
  Gesundheitswesen 2, 33
– Einschätzung und Ausblick 64
– Entscheidungshilfen, klinische 55
– ethische Governance 46
– Europäische Strategie 26
– Forderungsmanagement 62
– Forschung und Entwicklung 50
– gesellschaftliche Disruption 43
– gesellschaftliche Rahmenbedingungen 46
– gesellschaftliche Vorteile 44
– Gesundheitsassistenten 59
– Gesundheitstracker 57
– Governance-Mechanismen 46
– Haftung und Verantwortung 45
– historische Aspekte 34
– hypothetische 36
– Intelligente Selbstbedienung 58
– Kenntnisse der Bevölkerung 34
– klinische Studien 50

– Mensch-Maschine-Interaktion 44
– Patentanmeldungen 29
– Patient Self-Service 58
– Patientenrekrutierung 51
– prädiktive Analysen 54
– reaktive 35
– regulatorische Rahmenbedingungen 33
– Robotik 63
– schwache 35
– Sicherheit 45
– starke 36
– superintelligente 36
– Transparenz 46
– Versorgungskettenoptimierung 60
– Verzerrungen (Bias) 47
– Wachstumsfelder 48
– Weißbuch 26
– Wirkstoffforschung 50
– Zertifizierung 45
– Ziele 8
Künstliche neuronale Netzwerke (KNN)
– Analyse von Netzhautbildern und
  Sprachmustern 53
– Backpropagation 41
– Definition 41
– Präventionsmodelle, personalisierte 55
Künstliche Superintelligenz (KSI) 36, 119
Künstliches Gedächtnis 121

L
Ladungsdiebstähle 86
Lebenslanges Lernen 105
Lebensstil, gesunder 102
Lebensstilanalysen 55
Lebensstilempfehlungen, präventive 103
Ledger
– Definition 68
– zentralisierte/dezentralisierte 68
Lernen, maschinelles *siehe* Machine
  Learning
Lernendes Gesundheitssystem 99–100
Lieferkettenmanagement
– Blockchain 86
– COVID-19-Pandemie 94
– Rückrufe und Warnungen 88
– Rückverfolgbarkeit 86
Lieferkettentransparenz 87

M
Machine Learning (ML) 8, 39
– algorithmische Verzerrung 47
– Arzneimittelentwicklung 50
– Erstellung von Behandlungsplänen 56
– Lernmodelle 40
– Präventionsmodelle, personalisierte 55
– Risikoanalysen 55

Machine Vision   50
Magnetresonanztomografie (MRT)   104
Mayo Clinic   54, 109, 118
Medikamentenfälschungen   86
MediLedger Product Solution   87
Medizin
– datenbasierte   99
– personalisierte   101
Medizinische Bilddaten   108
Mehrwert, realer   110
Mensch-Maschine-Interaktion   44
Mentale Gesundheit   57
M-Health   13
M-Health-Plattformen   110
Microsoft   26
– KI-Forschung   27
– OpenAI   118
– Tay   45
Mikroroboter   106
Miner   70
Minimalinvasive Werkzeuge   106
Mixed Reality   10, 27
Monetäre Belohnungssysteme   3
MR-Angiografie   104

N
Nachgeahmte Intelligenz   8
Nachhaltiges Gesundheitswesen   128
Nanobots   112
Nanoroboter   11, 106
Nanosensorik   106
National Health Service (NHS)   80, 118
Natural Language Processing (NLP)
– Definition   43
– Gesundheitswesen   42
– Präventionsmodelle, personalisierte   55
Netzhautanalysen, KI-gestützte   53, 120
Netzhautbilder, Risikovorhersage   39, 120
Netzwerk   68
– Knoten
– künstliches neuronales siehe Künstliche
  neuronale Netzwerke (KNN)   41
Neurotechnologie   107
Niederlande   77

O
Offline-/Online-Untersuchungen   104
Offline-Gesundheitsdienstleistungen   110
Ökosysteme, digitale   28
– disruptive   109
One-Size-Fits-All-Lösungen   133
Online-Apotheken   110
Online-Gesundheitsanwendungen   110
Open Source   52
Orakel   77
Output Layer   41

P
Pandemiebewältigung siehe COVID-19-
  Pandemie
Parkinson-Krankheit   52
Patient Self-Service   58
Patienten
– digitaler Zwilling   107
– informierte Verbraucher   1
– Verhaltensänderung durch Choice
  Architecture   59
– virtuelle Visiten   63
Patientenbeteiligung   90
Patientendaten siehe Gesundheitsdaten
Patientendaten-Schutz-Gesetz (PDSG)   22
– Datenhoheit   23
– Kritikpunkte   24
Patientennutzen   111
Patientenverhalten, geändertes   1
Patientenzentrierte Medizin   101
PatientTruth   83
Peer-to-Peer-Netzwerk   95
Personal Care Pathway (PCP) siehe
  Behandlungsplan, personalisierter
Personalisierte Behandlung   107
Personalisierte Medizin   17, 101
– Datenaustausch   82
– Sicherheit gemeinsamer
  Datennutzung   82
Personalisierter Behandlungsplan   55
Personalisiertes Versorgungsmodell   81
Persönlicher Gesundheitsassistent   59
Pflegeeinrichtungen   119
Pflegeroboter   11
Pharmaspender   87
Pharmazeutische Forschung &
  Entwicklung   49
Plattform
– blockchainbasierte   2
– Logistik, automatisierte   62
Plattformverordnung   127
Politik
– Dialog mit Tech-Konzernen   128
– digitale Souveränität   2
– Digitale-Versorgung-Gesetz (DVG)   22
– Digitalisierung, gesetzliche Grundlagen und
  Rahmenbedingungen   21, 114
– gesellschaftlicher Diskurs   128
– Gesundheitsdatenregulierung   127
– Governance- und Datenschutzfragen   74
– Health in all Policies (HIP)   112
– Industrieförderung   29
– Regularien und Standards   113
Prämiensenkung   100
Prävention siehe Gesundheitsprävention
Präventionsprogramme, digitale   103
Präzisionsgesundheit (precision health)   54

Präzisionsmedizin 51
Preventive Health 122
Primärversorgung 99
Private Blockchain 72
Privatsphäre 10
Processing Layer (Verarbeitungs-
schicht) 41
Project Baseline 120
Project Haven 109, 117, 123
Project Nightingale 126
Project Streams 121
Proof-of-Work-Algorithmen 69
Pseudonyme Transaktionen 69
Public Blockchain 71
Pulsuhren 102

Q
Quantencomputer 10
– kommerzieller Einsatz 108
– Qubits 108
Quantifizierte Selbstdaten 106

R
Rahmenbedingungen
– regulatorische 33
Rahmenbedingungen für Digitalisierung
– gesetzliche 21
– Infrastruktur 21
– länderspezifische 20
Reaktive KI 35
Real World Data (RWD) 38, 99, 112
Real World Evidence (RWE) 100
Rechtskonformität 19, 133
Regulierung 77, 127
Reinforcement Learning 40
Rezeptverschreibung, digitale 86
Risikokapital(firmen) 28–29, 77
Roboter/Robotik
– antropomorphe (humanoide) 11
– Bots 11
– chirurgische Anwendungen 63
– minimalinvasive Medizin 106
– Prozessautomatisierung *siehe*
Robotergestützte Prozessautomatisierung
(RPA) Rechte(zuerkennung), 63
– Rechte(zuerkennung) 45
– ultraschallbetriebene 106
Robotergestützte Prozessautomatisierung
(RPA)
– administrative KI-Anwendungen 62
– Definition 63
Rückrufaktionen 88
Rückverfolgung von Infektionsketten 91
Rund-um-die-Uhr-Monitoring
– Selbstoptimierung 103
– Umgang mit Anomalien 107

S
Schlafapnoe 121
Schlafstörungen 57
Schlaf-Tracking 106
Schlüssel *siehe* Digitaler Schlüssel
Schmutzige Daten 41
Schwache KI 35
Schweiz 60
– Aktionsplan Digitalisierung 28
Selbstbestimmter Gesundheitsmanager 103
Selbstdaten, quantifizierte 106
Selbstkorrektur 8
Selbstvermessung, digitale 103
Selektives Datenzugriffsrecht 24
Self-Reporting-Anwendungen 92
Seltene Krankheiten 83, 112
Sensible Gesundheitsdaten 2
Sensoren 105
Sensoren (Hardware) 110
Silicon Valley 29
Singularität, technologische 45
Skalierbarkeit 75
Smart Claim Contracts 75
Smart Clothing 106–107
Smart Contracts
– Definition 73
– Ethereum-Netzwerk 89
– Speicherkapazität 76
Smartwatch als Gesundheitscoach 122
Smartwatches 102
Softwareroboter 11, 63
Spanien 19
Sprachassistenten 117
– künstliche Superintelligenz 119
– medizinische Versorgung 118, 125
Spracherkennung 118
Sprachmustererkennung, KI-gestützte 53
Stakeholder 17, 112
– gesellschaftlicher Diskurs 128
Starke KI 36
Start-ups 132
– Aufkauf, Investionen 109
Status quo 19, 131
Stigmatisierung 107
Stimmanalyse 54
Studien, klinische *siehe* Klinische Studien
Südkorea 85
– Gesundheitsdatenaustausch 80
– Patentanmeldungen 30
Supercomputer 118
Superintelligente KI 36
Supervised Learning 40
Sustainable Development Goals (SDGs) 1
Sybil-Angriff 71
Synergieeffekte 112

T
Taiwan   29
Tay   45
Tech-Konzerne   3
Technologische Singularität   45
Telediagnostik   13
Teledokumentation   13
Telematikinfrastruktur   21
– E-Health-Gesetz   22
– Telemedizin   23
Telemedizin
– Datenaustausch   85
– Definition   13
– Digitalisierung, Chancen   15
– Dr. Handy   110
– Infrastruktur   23
– USA   29
Telemonitoring   13
Teletherapie   13
Theory of Mind (ToM)   36
Therapieroboter   11
Torch-Programm   28
Track&Trace-Technologie   87
Tracking-Apps
– Blockchain-Technologie   92
– Datensicherheit   92
– Pandemiebewältigung   92, 116
Transformation, zukunftsorientierte   132
Transparenz   46, 112, 133
– Gesundheitswesen 5.0   99
Trial and Error   133

U
Überregulierung   45
Ultraschallbetriebene Nanoroboter   106
Ultraschalluntersuchungen, drahtlose   111
Unicorns   28
Unsupervised Learning   40
Urinanalyse   54
Urinteststreifen   111
USA   2, 46, 55
– Aktionspläne, digitale
  Gesundheitsinnovationen   29
– Big Tech   116
– Blockchain-Technologie   30
– Digitalisierungsstrategien   28
– KI-Forschung   27

– MediLedger-Projekt   87
– medizinische Robotik   63
– Nanoroboter   106
– Patentanmeldungen   29–30
– PatientTruth   83
– Sprachassistenten, Krankenhaus-
  Pilotprojekte   119

V
Value-based Healthcare   111
Venture Capital *siehe* Risikokapital
Verbraucherorientierte
  Versicherungsprogramme   84
Vereinte Nationen, Agenda 2030   1
Vergütungssysteme, werteorientierte   112
Verhaltensvorhersagen   122
Verschlüsselung   93
Versorgungsketten, intelligente   60
Vertrauen   133
Videosprechstunde   13, 85
Virtual Reality   10

W
Wearables   14
– Gesundheitswesen 5.0   102
Wellbeing-Anwendungen, digitale   57
Weltgesundheitsorganisation   91
Wertschöpfungsketten, neue   19
Wettbewerb   128
Wettbewerbsfähigkeit   17
– globale   132
Wirtschaft   3
Wirtschaftsfähigkeit   132
Wissenschaft   3
Wohlstand   132
Wohlstandsungleichheit   44
WONCA   124
Wundmanagement-Tool   111

Z
Zeithorizont   132
Zhonguancun   29
Zukunftsmedizin   101
Zypern   93